脳科学が実証!

川島隆太教授の

# 運転免許認知機能検査完全模擬合格脳ドリル

JN029368

※「脳ドリル」は学研の登録商標です。

本書の脳トレ&模擬テストで検査対策は万全です!

川島隆太
東北大学教授

## も く じ

# 認知機能検査
# 合格対策は
# 本書 脳 トレで万全!!

## 合格に必要な脳力を
## 川島式 脳 トレで向上!

川島隆太 (東北大学教授)

## 検査では記憶力を調べる

年齢が75歳以上のドライバーは、運転免許証の更新の際に認知機能検査を受ける必要があります。実際に検査を受ける前はさぞかし不安だと思います。

しかし、ご安心ください。本書では、模擬テストと脳トレによるダブル対策を用意しています。

認知機能検査でチェックされるのは「記憶力」と「認知症の恐れ」の2つです。

「記憶力」の確認は「手がかり再生」という検査項目で調べ、16種類のイラストが4回に分けて示されます。それらのイラストを覚えた後に、少し時間をあけて絵の名前を答えます。この検査は、全て正解する必要はありませんが、「覚える」「思い出して書く」トレーニングが必要です。本書の脳トレで準備をしましょう。

## 認知症の疑いを
## 時間の見当識で調べる

そして、2つめの「認知症の恐れ」は、日時などを答える「時間の見当識」で調べます。見当識とは、今がいつで、ここがどこかを把握する能力です。認知症になると、今いる場所や時間などが正しく把握できなくなります。

そのため、検査では、今日が何年何月何日で何曜日なのかという時間に関する質問を受けます。正確にしっかりと答えるためには、時間に関する感覚を普段からきたえておく必要があります。日付、曜日、時刻をしっかり意識して、日々、生活しましょう。

## 検査では記憶力の衰えをみる

### 4種の絵×4の16コの絵を見て記憶

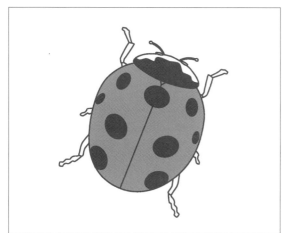

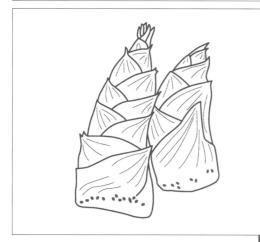

全てを覚える必要はなし！
7コ正解を目ざそう

## ①ヒントなしで回答 ▶ ②ヒントを見て回答

## 時間の見当識

### 認知症の疑いをみる

| 質 問 | 回 答 |
|---|---|
| 今年は何年ですか？ | 年 |
| 今月は何月ですか？ | 月 |
| 今日は何日ですか？ | 日 |
| 今日は何曜日ですか？ | 曜日 |
| 今は何時何分ですか？ | 時　分 |

・認知症は時間感覚のズレ
　の症状が起きる
・季節・日時がわからなくなるのは
　認知症の兆し
・毎日の生活で年月日、曜日、時刻の
　意識を持つように！

# 認知機能検査での脳の働き

## 記憶（保存）と再生（回答を書く）を行う

「手がかり再生」の検査は、16種類の絵の中から覚えた絵の名前を答えます。

まず、目で見た絵の信号が脳に伝わると、脳はそれを認識し、脳のワーキングメ

モリ（記憶機能）に保存します。情報の保存→覚えた情報を取りだす（再生）の一連の流れが「記憶している」状態です。

この検査では、ワーキングメモリに保存された情報（記憶）を、時間が経った後でも、思い出す＝再生できるのかがポイントになります。

## ヒントありとなしの回答で記憶力をみている

この検査での回答は、ヒントなしで答える「自由回答」と、ヒントを元に答える「手がかり回答」の2回行います。高齢になると、記憶の情報を出し入れする能力が低下します。ヒントを手がかりに、ワーキングメモリの記憶を再生できるかが重要です。

---

## 検査での認知機能

### 記憶力　見た絵を覚える

**記憶** はさみ（情報）として認識

はさみを脳に保存

絵は光の信号として目に入る

### 再生　記憶を再生（回答記入）

**再生** 覚えたものを思い出して書く

記憶　はさみ　牛　ナベ

はさみ

### 指示　ヒント（手がかり）で回答

ヒントを元に思い出す
ナベ　牛　←　再生　←　記憶

ヒント
台所用品
動物
！

---

## 記憶の定着をみるために回答前の介入実験をやらせている

「手がかり再生」の検査では、絵を記憶した後、次に数字に斜線を引く課題に取り組みます。そして、課題を終えた後に、絵の名前を答えます。つまり、覚えてから答えるまでに、ある程度の時間をあけています。これは記憶してから、回答するまでにあえて一定の時間をあけることで、記憶がワーキングメモリに保存され、ちゃんと再生（思い出す）ができるのかをみているわけです。

# 検査合格には 記憶力 情報処理力 視空間認知力 アップがカギ!!

「記憶力」「情報処理」「視空間認知力」の3つの脳力をきたえることができます。

つまり、検査で用いる記憶情報の保存と再生を行う能力をアップさせることができます。

また、認知機能検査の「手がかり再生」では、16種類と数多くのイラストが出されるので、見たものを正しく把握する力、たくさんの視覚情報を処理する力が必要です。本書の「視空間認知力」をきたえる脳トレで対策をしていきましょう。

## 合格のカギとなる3つの脳力をきたえよう

絵を見て答える検査をクリアするためには、脳のワーキングメモリがしっかりと働き、記憶（情報の保存）と再生する能力（思い出す）が重要です。

このような認知機能をアップさせるには、脳トレが最も効果的です。

脳トレでは、検査合格のカギとなる3つの脳力をきたえます。

脳トレで行う文字や数字を一時的に覚えて処理する力は、まさに記憶力（ワーキングメモリ）をきたえるので「手がかり再生」の検査で使う脳力をアップさせます。さらに、計算など「情報処理力」を高める脳トレを行うと、記憶できる容量が増え、たくさんの情報を処理することができるようになります。

---

# 3種の脳トレで認知機能が向上！

## 記憶力アップ

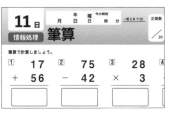

**17日** 記憶力　数字組み合わせ探し

一時的に記憶する力

**23日** 記憶力　ことわざパズル

昔、覚えていた事を思い出す力

## 情報処理力アップ

**11日** 情報処理　筆算

次々に情報を出し入れする力

**19日** 情報処理　たし算ペア

たくさんの情報を処理する力

## 視空間認知力アップ

**20日** 視空間認知　標識ペア探し

見たものを正しく把握する力

**16日** 視空間認知　同じ絵探し

目の前の膨大な情報を捉える力

# まずは、毎日の脳トレで認知機能をベースアップさせよう

認知機能検査は、「記憶力」をメインとした認知機能を調べますが、認知機能は急には上がりません。脳トレを1〜2か月毎日行いベースアップさせます。本書の巻末には脳トレを収録していますから、認知機能検査の最低2か月前から毎日行いましょう。脳トレは認知機能の土台となる「記憶力」「情報処理力」、そして「視空間認知力」の3つの脳力をきたえます。脳トレを完了させた後、本番を完全に再現した模擬テストに取り組むダブル対策で万全に準備しましょう。

## 模擬テストは制限時間を厳守して行う

本書には検査で出題される全ての模擬テストを収録しています。出題されるイラスト全パターンを収録しているので、4回のテストを繰り返すことで、検査対策が万全に行えます。

検査では16種類の絵を覚える時間は全部で4分ほどしかありません。制限時間内に絵を記憶し、再生（思い出すこと）ができるように、模擬テストでは、制限時間を必ず厳守しましょう。

## 巻末 脳トレで認知機能を上げる

### 脳トレ

記憶力アップ
情報処理力アップ
視空間認知力アップ

### ポイント

- 1〜2か月、脳トレを続ける
- 限界速度で速く解き認知機能を上げる
- イラスト脳トレで視空間認知力を向上させる

### ダブル対策で合格へ

&

## 模擬テストで全パターン実戦練習

| 出題されるのはこの4回の問題のみ！ | 各イラストの名称を事前に把握しておく |
| --- | --- |
| 4つのイラスト1セットを1分で覚える練習を！ | 介入課題の作業中も覚えた絵の名称を反復 |

# 脳力の衰えは事故・運転ミスの原因にもなる！

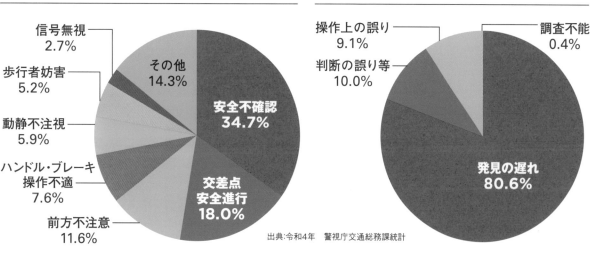

## 高齢ドライバーの事故の状況と原因

### 違反別にみた高齢運転者交通事故発生状況

- 信号無視 2.7%
- 歩行者妨害 5.2%
- 動静不注視 5.9%
- ハンドル・ブレーキ操作不適 7.6%
- 前方不注意 11.6%
- その他 14.3%
- 安全不確認 34.7%
- 交差点安全進行 18.0%

### 人的要因別にみた高齢運転者交通事故発生状況

- 操作上の誤り 9.1%
- 判断の誤り等 10.0%
- 調査不能 0.4%
- 発見の遅れ 80.6%

出典:令和4年　警視庁交通総務課統計

## 高齢ドライバーの事故原因の8割は発見の遅れ

認知機能の低下は、実際の運転にも影響を及ぼします。高齢ドライバーによる交通事故の8割は、「発見の遅れ」によって発生しています。違反別の原因をみると、「安全不確認」、「交差点安全進行」、「前方不注意」と安全運転に関する項目が上位に並びます。これらのことから、自車の周囲の安全をしっかり確認しないことが、事故につながっていることがわかります。

高齢ドライバーが安全確認を怠ってしまうのは、単なる不注意というよりは、脳機能の衰えが関係していると考えるべきです。

特に認知機能が衰えることで、危険な状況の発見が遅れます。結果として安全確認が不十分な状態で、車線を変えたり、交差点に進入したりすることで、事故を起こしてしまうのです。

## 認知ミスから判断・操作のミスにつながる

車の運転は「認知」、「判断」、「操作」の3つの能力が支えています。安全確認がきちんとできずに危険の発見が遅れるのは「認知ミス」です。認知ミスが起こると、ドライバーは慌ててしまい、間違った判断をする「判断ミス」やアクセルやブレーキの「操作ミス」を起こし、事故につながってしまいます。

## 事故の要因はこの3つ！

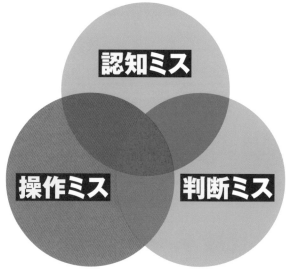

認知ミス

操作ミス

判断ミス

## 配送ドライバーに検証実験を実施

車の運転を支えている「認知」、「判断」、「操作」の3つの能力は、おでこの裏側にある脳の前頭前野が担います。

車を運転する際、ドライバーは周囲から実に膨大な情報を受け取っています。

それらをすばやく判断（認知）することで、脳が手足に正しい命令を出し、安全に運転できるのです。

例えば、前の車が急ブレーキを踏んだとき、瞬時に認知できれば、すぐにブレーキを踏み、ぶつかる前に止まることができます。

しかし、認知機能が低下して、危険の発見が遅れると、衝突事故につながってしまいます。

このような重要な役割をする前頭前野の働きを、私が開発した脳トレで活性化させることが科学的にわかっていたので、車の安全運転に力を発揮する脳トレを開発しました。プロの配送ドライバーにこの脳トレを4週間実施したところ、運転中の急加速（急アクセル）・急減速（急ブレーキ）の回数が何と25%も減少するという実験結果が得られました。

急加速・急減速は、周囲の危険な状況をしっかりと認知できなかったときに起こります。つまり、急加速・急減速が減ったことで、脳トレによる安全運転能力の向上効果を科学的に証明したのです。

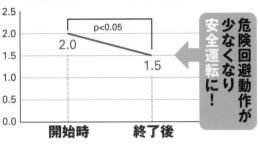

走行距離150kmあたりの急加速・急減速の回数　※n=8

開始時　2.0
終了後　1.5
p<0.05

危険回避動作が少なくなり安全運転に！

脳トレ実施後では急加速・急減速の頻度が25%も減少。脳トレで認知機能が向上したことで、周囲の状況を素早く的確に判断する能力が向上。その結果、危険回避動作（急加速・急減速）の頻度が減少したと考えられます。

出典：(株) NeU

## 安全運転「脳トレ」実証実験の流れ

4週間、脳トレを実施

22年6月末　←------→　22年7月末

事前脳機能チェック

脳トレ風景

出典：(株) NeU

脳トレ内容 ※

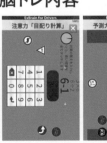

事後脳機能チェック

← 認知機能を前後比較 →

配送ドライバーに4週間、業務日に脳トレを実施。脳トレ開始から2週間、脳トレ終了後2週間の運転状況を記録した。運転状況は車両の速度、運行距離などを記録装置（デジタルタコグラフ）で計ったところ、急加速・急減速が25%も減少。脳トレ後の脳機能検査では認知機能の向上が認められた。

※上記の脳トレは (株) NeU が法人向けに提供している「運転脳トレ」になります。

## 認知機能が上がると安全運転能力が上がる

### 脳トレで認知機能が向上！
### 注意力・記憶力・頭の回転力がアップ

**注意力・記憶力が向上**

天井効果

| 項目 | 実施前 | 実施後 |
|---|---|---|
| 頭の回転 | 20.0 | 20.0 |
| 注意力 | 16.4 | 16.6 |
| 記憶力 | 11.2 | 13.6 |

※n=5

**頭の回転力が向上**

| 項目 | 実施前 | 実施後 |
|---|---|---|
| 頭の回転 | 1050.9 | 945.5 |
| 注意力 | 1731.9 | 1423.8 |
| 記憶力 | 2439.8 | 2058.2 |

※n=5

■ 実施前　■ 実施後　※n=5 脳機能チェック実施が遅くなってしまった3名を除いた（脳の疲労蓄積があると考えられるため）

出典：(株) NeU

---

配送ドライバーへの安全運転実験の際、その前後で脳の認知機能（頭の回転力、注意力、記憶力）に関する認知機能テストを実施しました。すると、注意力と記憶力の検査で、脳トレ実施後の得点がアップしました。

また、問題を解く時間を測定すると、すべての項目で回答時間が短くなりました。これは、頭の回転が速くなって、短い時間でたくさんの情報を処理できていることを示しています。

車の運転中、ドライバーは、前方の状況、信号機の色、歩行者の有無など、実に膨大な情報を脳内で瞬時に処理して、適切な判断や操作につなげています。脳トレを行ったことで、「認知速度が速くなった」ので、ドライバーは身の周りの交通情報をすばやく認知できます。その結果、慌てずに正しい判断を行い、より安全な運転行動につながったのです。

脳トレは、このような安全運転能力の向上に力を発揮し、なおかつ、運転免許認知機能検査の対策にも非常に有効なのです。

---

**ドライバーが瞬時に交通情報を処理し、正しい判断を行うことで事故を未然に防ぐ**

**膨大で様々な情報を処理**

↓

**すばやく正しい判断を行う**

↓

**あわてずに運転操作を行う**

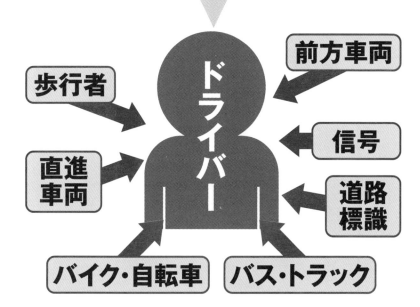

歩行者　前方車両　信号　道路標識　直進車両　バイク・自転車　バス・トラック　ドライバー

# これが検査に出る全4パターン
# 完全模擬テストで合格へ!!

## ～合格点が取れる攻略ポイントを解説～
## ～事前に出題イラストの名称を覚えよう!～

## 75歳以上の人の免許更新の流れ
## 認知機能検査は36点以上でクリア

● 認知機能検査は100点満点で**36点以上**取ればOK!

● 運転技能検査は、普通免許所有者の場合、70点以上で合格!

75歳以上（普通免許証等を保有）

※検査や講習を受ける順番は、予約状況などによって異なる

認知機能検査
● 方式①紙を用いる
● 方式②タブレット端末を用いる

イラスト7つ正解を目標に！ ▶ P14参照

認知症のおそれあり【100点満点で36点未満】

※認知症に関する医師の診断書を提出することで、認知機能検査に代えることができる

臨時適性検査（専門医の診断）
または
診断書の提出

高齢者講習（2時間）
- 講義（座学） 30分
- 運転適性検査 30分
- 実車指導 60分

免許の更新

なし

更新期間満了日までに

合格
【100点満点で
第二種免許保有者
80点以上
それ以外70点以上】

認知症の
おそれなし
【100点満点で
36点以上】

一定の違反歴【全部で11種類の違反歴】

免許を更新できず

運転技能検査
（繰り返し受検可）

更新期間
満了日
までに

合格
しない

あり

認知症
でない

免許の取消し等

認知症である

11

# 認知機能検査（「手がかり再生」と「時間の見当識」）の
# 概要と攻略のアドバイス

## 手がかり再生
## ❶ イラストの記憶

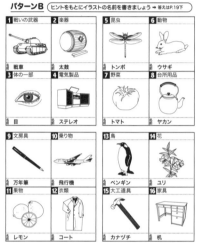

16のイラストを
見て覚える。

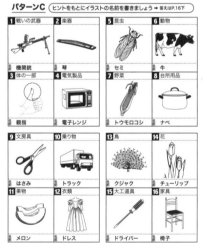

## 手がかり再生
## ❷ 介入課題

指示された数字に
斜線を引く。

回 答 用 紙 1

→

| 9 | 3 | 2 | 7 | 5 | 4 | 2 | 4 | 1 | 3 |
|---|---|---|---|---|---|---|---|---|---|
| 3 | 4 | 5 | 2 | 1 | 2 | 7 | 2 | 4 | 6 |
| 6 | 5 | 2 | 7 | 9 | 6 | 1 | 3 | 4 | 2 |
| 4 | 6 | 1 | 4 | 3 | 8 | 2 | 6 | 9 | 3 |
| 4 | 5 | 4 | 5 | 1 | 3 | 7 | 9 | 6 | 8 |
| 2 | 6 | 5 | 9 | 6 | 8 | 4 | 7 | 1 | 3 |
| 4 | 1 | 8 | 2 | 4 | 6 | 7 | 1 | 3 | 9 |
| 9 | 4 | 1 | 6 | 2 | 3 | 2 | 7 | 9 | 5 |
| 1 | 3 | 7 | 8 | 5 | 6 | 2 | 9 | 8 | 4 |
| 2 | 5 | 6 | 9 | 1 | 3 | 7 | 4 | 5 | 8 |

※ 指示があるまでめくらないでください。

## 手がかり再生

### ❸ 自由回答

❶で見たイラストの名前を答える（ヒントなし）。

## ADVICE アドバイス

● 書く順番は関係なし！
　頭に浮かんだイラストの名前を
　どんどん書く！

● 「❺時間の見当識」が満点の場合、
　最低4つ正解だけで合格！

| 回 答 用 紙 2 | |
| --- | --- |
| 1. | 9. |
| 2. | 10. |
| 3. | 11. |
| 4. | 12. |
| 5. | 13. |
| 6. | 14. |
| 7. | 15. |
| 8. | 16. |

※ 指示があるまでめくらないでください。

## 手がかり再生

### ❹ 手がかり回答

「文房具」などのヒントをもとに、
イラストの名前を答える。

## ADVICE アドバイス

● 「❺時間の見当識」が満点の場合、
　7つ以上正解だけで合格！

● どんなヒントが出るのか、16ページの
　トレーニングで練習をしっかりやろう！

| 回 答 用 紙 3 | |
| --- | --- |
| 1. 戦いの武器 | 9. 文房具 |
| 2. 楽器 | 10. 乗り物 |
| 3. 体の一部 | 11. 果物 |
| 4. 電気製品 | 12. 衣類 |
| 5. 昆虫 | 13. 鳥 |
| 6. 動物 | 14. 花 |
| 7. 野菜 | 15. 大工道具 |
| 8. 台所用品 | 16. 家具 |

※ 指示があるまでめくらないでください。

### ❺ 時間の見当識

検査当日の年月日、曜日、いまの時間を答える。

## ADVICE アドバイス

● 年月日と曜日は家を出るときに
　確認し、検査場に着いて再度確認する！

● 本番で書く時刻は時計をしまう時刻に
　＋30分の時刻を書く。確実に満点をとる！

| 回 答 用 紙 4 | |
| --- | --- |

以下の質問にお答えください。

| 質　問 | 回　答 |
| --- | --- |
| 今年は何年ですか？ | 年 |
| 今月は何月ですか？ | 月 |
| 今日は何日ですか？ | 日 |
| 今日は何曜日ですか？ | 曜日 |
| 今は何時何分ですか？ | 時　分 |

※ 指示があるまでめくらないでください。

# ずばり！検査 攻略ポイント

**100点満点で36点取ればOK！　時間の見当識満点で残りは16点で合格**

認知機能検査は、100点満点で換算すると「手がかり再生」が約80点、「時間の見当識」が約20点の配分である。合格基準は36点以上なので、「手がかり再生」のイラストをすべて覚える必要はない。

「時間の見当識」で満点（100点満点換算で約20点）を取るのが前提だが、ヒントなしの「自由回答」を4つ正解だけで合格となる（正解各2点、100点満点換算で約19点）。また、ヒントありの「手がかり回答」を7つ正解（正解各1点、100点満点換算で約17点）だけで合格の36点に到達する。

## これで合格の36点をクリア！

### 時間の見当識 満点 ＆

### 合格点が取れる3パターン

① 自由回答4つ正解

② 手がかり回答7つ正解

③ 自由回答2つ正解
　　※＋手がかり回答3つ正解

### ③の別パターン2例

※自由回答で正解しなかったものを手がかり回答のみで正解する

- 自由回答1つ正解＋※手がかり回答5つ正解
- 自由回答3つ正解＋※手がかり回答1つ正解

配点はヒントなしの自由回答が手がかり回答の2倍なので、時間の見当識満点の場合、最低4つ正解で合格の36点になる。

イラスト7つ正解を目標にしよう！

## 時間の見当識 時計をしまう指示＋30分（プラス）の時刻を書く

検査当日の年月日、曜日は家を出るときにカレンダーで確認しておく。手帳にメモしておき、直前に再確認して忘れないこと。答える時刻は時計をしまう指示が出た時刻に＋30（プラス）分して覚える。前後30分未満の誤差なら正解なのでOK。

## 自由回答 最低4つ正解で合格点に！

「時間の見当識」を満点とすると最低4つ正解で合格点をクリアできる。たとえばパターンAだと「テントウムシ・ライオン・ブドウ・にわとり・バラ」など、各パターンごとに自分が覚えやすいイラストを8個くらい、事前に選んでおくと本番でも回答しやすい。

## 手がかり回答 自由回答0点でも7つ以上正解で合格点に！

「時間の見当識」を満点とすると、「自由回答」が0点でも、「手がかり回答」が7つ正解で36点以上となる。回答用紙にヒントがあるので、電気製品➡ラジオ、昆虫➡テントウムシ、動物➡ライオンなど、ヒントとイラストの名称の結びつきをP16〜19でしっかり頭に入れておこう。

## パターンA　ヒントをもとにイラストの名前を書きましょう → 答えはP.18下

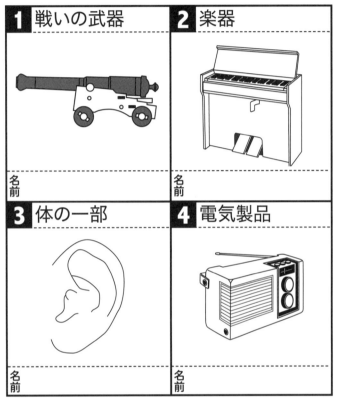

**1** 戦いの武器　名前

**2** 楽器　名前

**3** 体の一部　名前

**4** 電気製品　名前

**5** 昆虫　名前

**6** 動物　名前

**7** 野菜　名前

**8** 台所用品　名前

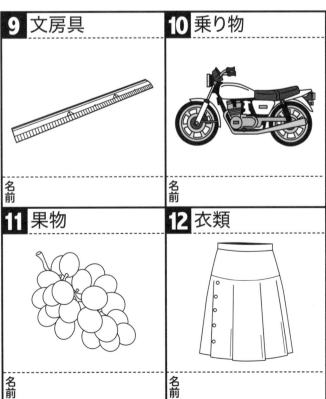

**9** 文房具　名前

**10** 乗り物　名前

**11** 果物　名前

**12** 衣類　名前

**13** 鳥　名前

**14** 花　名前

**15** 大工道具　名前

**16** 家具　名前

P.18Cの答え　**1** 機関銃　**2** 琴　**3** 親指　**4** 電子レンジ　**5** セミ　**6** 牛　**7** トウモロコシ　**8** ナベ
**9** はさみ　**10** トラック　**11** メロン　**12** ドレス　**13** クジャク　**14** チューリップ　**15** ドライバー　**16** 椅子

## パターンB　ヒントをもとにイラストの名前を書きましょう ➡ 答えはP.19下

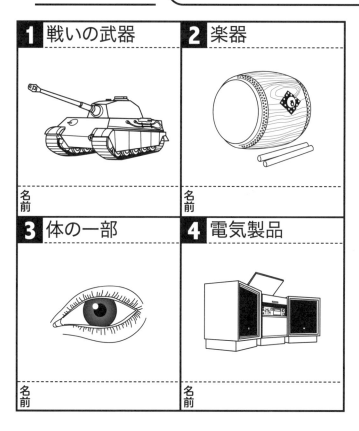

| **1** 戦いの武器 | **2** 楽器 |
| --- | --- |
| 名前 | 名前 |

| **3** 体の一部 | **4** 電気製品 |
| --- | --- |
| 名前 | 名前 |

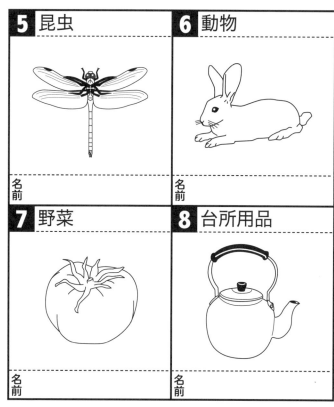

| **5** 昆虫 | **6** 動物 |
| --- | --- |
| 名前 | 名前 |

| **7** 野菜 | **8** 台所用品 |
| --- | --- |
| 名前 | 名前 |

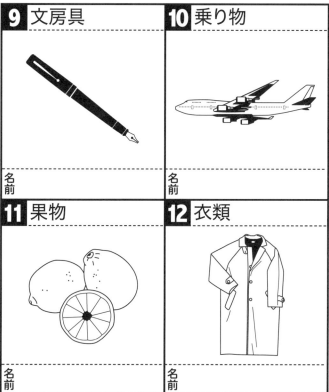

| **9** 文房具 | **10** 乗り物 |
| --- | --- |
| 名前 | 名前 |

| **11** 果物 | **12** 衣類 |
| --- | --- |
| 名前 | 名前 |

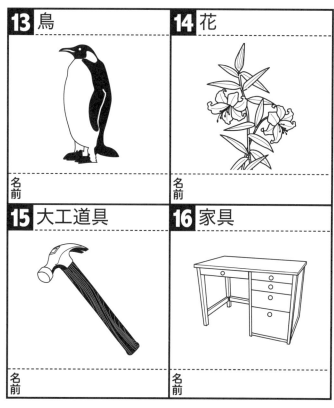

| **13** 鳥 | **14** 花 |
| --- | --- |
| 名前 | 名前 |

| **15** 大工道具 | **16** 家具 |
| --- | --- |
| 名前 | 名前 |

P.19Dの答え **1** 刀 **2** アコーディオン **3** 足 **4** テレビ **5** カブトムシ **6** 馬 **7** カボチャ **8** 包丁 **9** 筆 **10** ヘリコプター **11** パイナップル **12** ズボン **13** スズメ **14** ヒマワリ **15** ノコギリ **16** ソファー

## パターンC　ヒントをもとにイラストの名前を書きましょう ➡ 答えはP.16下

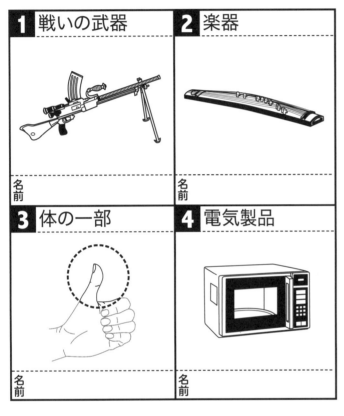

**1** 戦いの武器
名前

**2** 楽器
名前

**3** 体の一部
名前

**4** 電気製品
名前

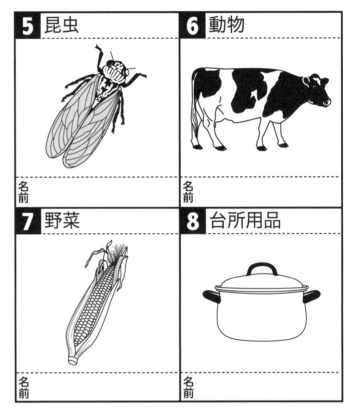

**5** 昆虫
名前

**6** 動物
名前

**7** 野菜
名前

**8** 台所用品
名前

**9** 文房具
名前

**10** 乗り物
名前

**11** 果物
名前

**12** 衣類
名前

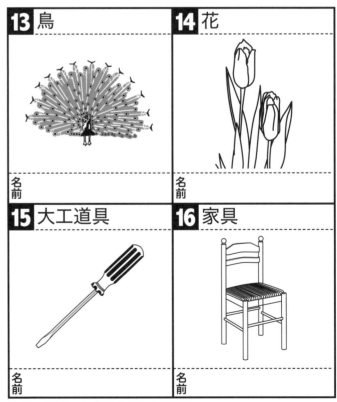

**13** 鳥
名前

**14** 花
名前

**15** 大工道具
名前

**16** 家具
名前

**P.16Aの答え** **1** 大砲 **2** オルガン **3** 耳 **4** ラジオ **5** テントウムシ **6** ライオン **7** タケノコ **8** フライパン **9** ものさし **10** オートバイ **11** ブドウ **12** スカート **13** にわとり **14** バラ **15** ペンチ **16** ベッド

# パターンD ヒントをもとにイラストの名前を書きましょう → 答えはP.17下

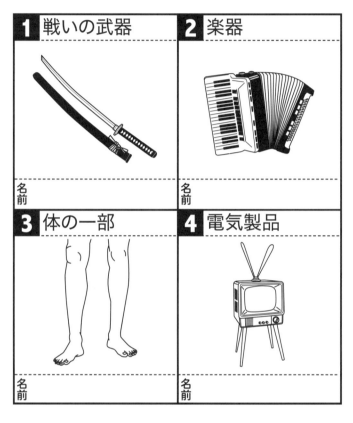

**1** 戦いの武器
名前

**2** 楽器
名前

**3** 体の一部
名前

**4** 電気製品
名前

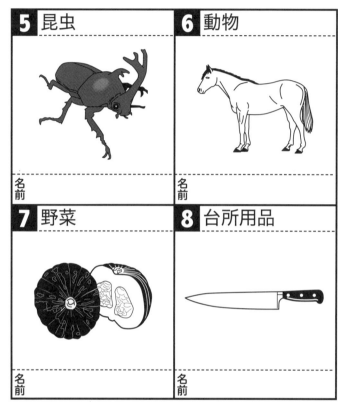

**5** 昆虫
名前

**6** 動物
名前

**7** 野菜
名前

**8** 台所用品
名前

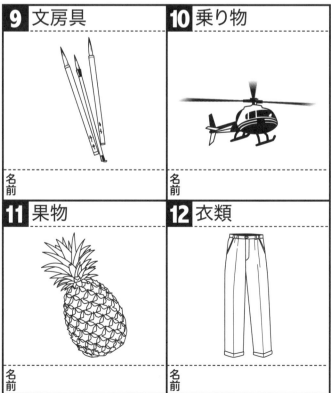

**9** 文房具
名前

**10** 乗り物
名前

**11** 果物
名前

**12** 衣類
名前

**13** 鳥
名前

**14** 花
名前

**15** 大工道具
名前

**16** 家具
名前

P.17Bの答え **1** 戦車 **2** 太鼓 **3** 目 **4** ステレオ **5** トンボ **6** ウサギ **7** トマト **8** ヤカン
**9** 万年筆 **10** 飛行機 **11** レモン **12** コート **13** ペンギン **14** ユリ **15** カナヅチ **16** 机

# 認知機能検査

## 模擬テスト ❶

**【検査時間合計：約30分】**

諸注意
1 指示があるまで、用紙はめくらないでください。
2 答を書いているときは、声を出さないでください。
3 質問があったら、手を挙げてください。

---

### 認知機能検査検査用紙

ご自分の名前と生年月日を記入してください。名前にふりがなはいりません。

**回答時間 1分30秒**

| 名　前 | |
|---|---|
| 生年月日 | 大正　　　　　　年　　月　　日<br>昭和 |

# 手がかり再生
（イラストの記憶）

これからいくつか絵を見ていただきます。
あとで、何の絵があったかを答えていただきますので、
よく覚えてください。

## 1枚目　1分ほどイラストを見て覚えます。

「これは、大砲です。」
ヒント：戦いの武器

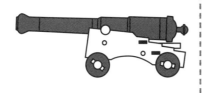

「これは、オルガンです。」
ヒント：楽器

「これは、耳です。」
ヒント：体の一部

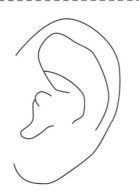

「これは、ラジオです。」
ヒント：電気製品

## 2枚目　1分ほどイラストを見て覚えます。

「これは、テントウムシです。」
ヒント：昆虫

「これは、ライオンです。」
ヒント：動物

「これは、タケノコです。」
ヒント：野菜

「これは、フライパンです。」
ヒント：台所用品

**3枚目** 1分ほどイラストを見て覚えます。

「これは、ものさしです。」
ヒント：文房具

「これは、オートバイです。」
ヒント：乗り物

「これは、ブドウです。」
ヒント：果物

「これは、スカートです。」
ヒント：衣類

**4枚目** 1分ほどイラストを見て覚えます。

「これは、にわとりです。」
ヒント：鳥

「これは、バラです。」
ヒント：花

「これは、ペンチです。」
ヒント：大工道具

「これは、ベッドです。」
ヒント：家具

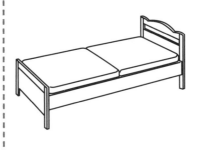

# 介入課題

★指定された数字に斜線を引きます。
★1回目30秒、2回目30秒の2回行います。
★この課題は採点されません。

## 問 題 用 紙 1

　これから、たくさん数字が書かれ
た表が出ますので、私の指示をした
数字に斜線を引いてもらいます。
　例えば、「1と4」に斜線を引い
てくださいと言ったときは、

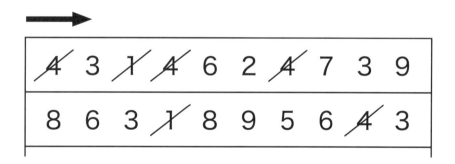

と例示のように順番に、見つけただ
け斜線を引いてください。

# 介入課題

回答時間
1回目 30秒
2回目 30秒

1回目「3と9に斜線を引いてください。」
2回目「1と4と5に斜線を引いてください。」

## 回答用紙1

→

| 9 | 3 | 2 | 7 | 5 | 4 | 2 | 4 | 1 | 3 |
| 3 | 4 | 5 | 2 | 1 | 2 | 7 | 2 | 4 | 6 |
| 6 | 5 | 2 | 7 | 9 | 6 | 1 | 3 | 4 | 2 |
| 4 | 6 | 1 | 4 | 3 | 8 | 2 | 6 | 9 | 3 |
| 2 | 5 | 4 | 5 | 1 | 3 | 7 | 9 | 6 | 8 |
| 2 | 6 | 5 | 9 | 6 | 8 | 4 | 7 | 1 | 3 |
| 4 | 1 | 8 | 2 | 4 | 6 | 7 | 1 | 3 | 9 |
| 9 | 4 | 1 | 6 | 2 | 3 | 2 | 7 | 9 | 5 |
| 1 | 3 | 7 | 8 | 5 | 6 | 2 | 9 | 8 | 4 |
| 2 | 5 | 6 | 9 | 1 | 3 | 7 | 4 | 5 | 8 |

# 手がかり再生
## （自由回答）

回答時間
**3分**

★少し前に、何枚かの絵をお見せしました。
★何が描かれていたのかを思い出して、できるだけ全部書いてください。

## 回答用紙 2

1. _____

2. _____

3. _____

4. _____

5. _____

6. _____

7. _____

8. _____

9. _____

10. _____

11. _____

12. _____

13. _____

14. _____

15. _____

16. _____

※回答の順番は問いません。思い出した順で結構です。

※「漢字」でも「カタカナ」でも「ひらがな」でもかまいません。

※書き損じた場合は、二重線で訂正してください。

# 手がかり再生
## （手がかり回答）

★今度は回答用紙に、ヒントが書いてあります。

★それを手がかりに、もう一度、何が描かれていたのかを思い出して、できるだけ全部
書いてください。

## 回答用紙3

1. 戦いの武器（たたかいのぶき）

2. 楽器（がっき）

3. 体の一部（からだいちぶ）

4. 電気製品（でんきせいひん）

5. 昆虫（こんちゅう）

6. 動物（どうぶつ）

7. 野菜（やさい）

8. 台所用品（だいどころようひん）

9. 文房具（ぶんぼうぐ）

10. 乗り物（のりもの）

11. 果物（くだもの）

12. 衣類（いるい）

13. 鳥（とり）

14. 花（はな）

15. 大工道具（だいくどうぐ）

16. 家具（かぐ）

※それぞれのヒントに対して回答は1つだけです。2つ以上は書かないでください。

※「漢字」でも「カタカナ」でも「ひらがな」でもかまいません。

※書き損じた場合は、二重線で訂正してください。

## 時間の見当識

★この検査には、5つの質問があります。

★左側に質問が書いてありますので、それぞれの質問に対する答を右側の回答欄に
　記入してください。

★答が分からない場合には、自信がなくても良いので思ったとおりに記入してください。
　空欄とならないようにしてください。

### 回答用紙 4

## 以下の質問にお答えください。

| 質問 | 回答 |
|---|---|
| 今年は何年ですか？ | 年 |
| 今月は何月ですか？ | 月 |
| 今日は何日ですか？ | 日 |
| 今日は何曜日ですか？ | 曜日 |
| 今は何時何分ですか？ | 時　　分 |

※「年」は、西暦（2024年など）で書いても、和暦（令和6年など）で書いてもかまいません。

※「時間」はおおよそで書いてください。

模擬テスト❶の回答＆採点補助用紙は54ページです。

# 認知機能検査

## 模擬テスト②

**【検査時間合計：約30分】**

諸注意
1　指示があるまで、用紙はめくらないでください。
2　答を書いているときは、声を出さないでください。
3　質問があったら、手を挙げてください。

---

## 認知機能検査検査用紙

ご自分の名前と生年月日を記入してください。名前にふりがなはいりません。

**回答時間 1分30秒**

| 名　前 | |
|---|---|
| 生年月日 | 大正<br>　　　　　年　　　月　　　日<br>昭和 |

## 手がかり再生（イラストの記憶）

これからいくつか絵を見ていただきます。
あとで、何の絵があったかを答えていただきますので、
よく覚えてください。

### 1枚目　1分ほどイラストを見て覚えます。

「これは、戦車です。」
ヒント：戦いの武器

「これは、太鼓です。」
ヒント：楽器

「これは、目です。」
ヒント：体の一部

「これは、ステレオです。」
ヒント：電気製品

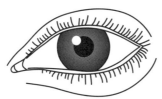
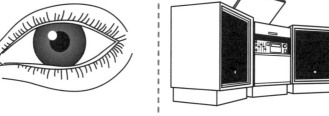

### 2枚目　1分ほどイラストを見て覚えます。

「これは、トンボです。」
ヒント：昆虫

「これは、ウサギです。」
ヒント：動物

「これは、トマトです。」
ヒント：野菜

「これは、ヤカンです。」
ヒント：台所用品

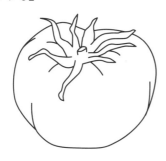

## 3枚目　1分ほどイラストを見て覚えます。

「これは、万年筆です。」
ヒント：文房具

「これは、飛行機です。」
ヒント：乗り物

「これは、レモンです。」
ヒント：果物

「これは、コートです。」
ヒント：衣類

## 4枚目　1分ほどイラストを見て覚えます。

「これは、ペンギンです。」
ヒント：鳥

「これは、ユリです。」
ヒント：花

「これは、カナヅチです。」
ヒント：大工道具

「これは、机です。」
ヒント：家具

# 介入課題

★指定された数字に斜線を引きます。
★１回目30秒、２回目30秒の２回行います。
★この課題は採点されません。

## 問 題 用 紙 １

　これから、たくさん数字が書かれた表が出ますので、私の指示をした数字に斜線を引いてもらいます。

　例えば、「１と４」に斜線を引いてくださいと言ったときは、

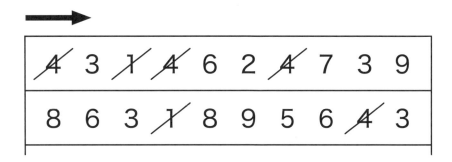

と例示のように順番に、見つけただけ斜線を引いてください。

# 介入課題

回答時間
1回目 30秒
2回目 30秒

1回目 「2と4に斜線を引いてください。」
2回目 「3と6と8に斜線を引いてください。」

## 回答用紙 1

→

| 9 | 3 | 2 | 7 | 5 | 4 | 2 | 4 | 1 | 3 |
|---|---|---|---|---|---|---|---|---|---|
| 3 | 4 | 5 | 2 | 1 | 2 | 7 | 2 | 4 | 6 |
| 6 | 5 | 2 | 7 | 9 | 6 | 1 | 3 | 4 | 2 |
| 4 | 6 | 1 | 4 | 3 | 8 | 2 | 6 | 9 | 3 |
| 2 | 5 | 4 | 5 | 1 | 3 | 7 | 9 | 6 | 8 |
| 2 | 6 | 5 | 9 | 6 | 8 | 4 | 7 | 1 | 3 |
| 4 | 1 | 8 | 2 | 4 | 6 | 7 | 1 | 3 | 9 |
| 9 | 4 | 1 | 6 | 2 | 3 | 2 | 7 | 9 | 5 |
| 1 | 3 | 7 | 8 | 5 | 6 | 2 | 9 | 8 | 4 |
| 2 | 5 | 6 | 9 | 1 | 3 | 7 | 4 | 5 | 8 |

★少し前に、何枚かの絵をお見せしました。

★何が描かれていたのかを思い出して、できるだけ全部書いてください。

## 回答用紙 2

1.

2.

3.

4.

5.

6.

7.

8.

9.

10.

11.

12.

13.

14.

15.

16.

※回答の順番は問いません。思い出した順で結構です。

※「漢字」でも「カタカナ」でも「ひらがな」でもかまいません。

※書き損じた場合は、二重線で訂正してください。

# 手がかり再生
## （手がかり回答）

回答時間
**3分**

★今度は回答用紙に、ヒントが書いてあります。
★それを手がかりに、もう一度、何が描かれていたのかを思い出して、できるだけ全部
　書いてください。

## 回 答 用 紙 3

1. 戦いの武器
　（たたかいのぶき）

2. 楽器
　（がっき）

3. 体の一部
　（からだ いちぶ）

4. 電気製品
　（でんきせいひん）

5. 昆虫
　（こんちゅう）

6. 動物
　（どうぶつ）

7. 野菜
　（やさい）

8. 台所用品
　（だいどころようひん）

9. 文房具
　（ぶんぼうぐ）

10. 乗り物
　（のりもの）

11. 果物
　（くだもの）

12. 衣類
　（いるい）

13. 鳥
　（とり）

14. 花
　（はな）

15. 大工道具
　（だいくどうぐ）

16. 家具
　（かぐ）

※それぞれのヒントに対して回答は1つだけです。2つ以上は書かないでください。
※「漢字」でも「カタカナ」でも「ひらがな」でもかまいません。
※書き損じた場合は、二重線で訂正してください。

## 時間の見当識

★この検査には、5つの質問があります。

★左側に質問が書いてありますので、それぞれの質問に対する答を右側の回答欄に
記入してください。

★答が分からない場合には、自信がなくても良いので思ったとおりに記入してください。
空欄とならないようにしてください。

### 回答用紙4

## 以下の質問にお答えください。

| 質問 | 回答 |
|---|---|
| 今年は何年ですか？ | 年 |
| 今月は何月ですか？ | 月 |
| 今日は何日ですか？ | 日 |
| 今日は何曜日ですか？ | 曜日 |
| 今は何時何分ですか？ | 時　　分 |

※「年」は、西暦（2024年など）で書いても、和暦（令和6年など）で書いてもかまいません。

※「時間」はおおよそで書いてください。

模擬テスト❷の回答＆採点補助用紙は55ページです。

# 認知機能検査

## 模擬テスト ③

**【検査時間合計：約30分】**

諸注意
1　指示があるまで、用紙はめくらないでください。
2　答を書いているときは、声を出さないでください。
3　質問があったら、手を挙げてください。

---

## 認知機能検査検査用紙

ご自分の名前と生年月日を記入してください。名前にふりがなはいりません。

**回答時間**
**1分30秒**

| 名　前 | |
|---|---|
| 生年月日 | 大正　　　　　　　　　　年　　　月　　　日<br>昭和 |

これからいくつか絵を見ていただきます。
あとで、何の絵があったかを答えていただきますので、
よく覚えてください。

### 1枚目　1分ほどイラストを見て覚えます。

「これは、機関銃です。」
ヒント：戦いの武器

「これは、琴です。」
ヒント：楽器

「これは、親指です。」
ヒント：体の一部

「これは、電子レンジです。」
ヒント：電気製品

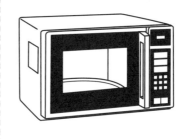

### 2枚目　1分ほどイラストを見て覚えます。

「これは、セミです。」
ヒント：昆虫

「これは、牛です。」
ヒント：動物

「これは、トウモロコシです。」
ヒント：野菜

「これは、ナベです。」
ヒント：台所用品

## 3枚目　1分ほどイラストを見て覚えます。

「これは、はさみです。」
ヒント：文房具

「これは、トラックです。」
ヒント：乗り物

「これは、メロンです。」
ヒント：果物

「これは、ドレスです。」
ヒント：衣類

## 4枚目　1分ほどイラストを見て覚えます。

「これは、クジャクです。」
ヒント：鳥

「これは、チューリップです。」
ヒント：花

「これは、ドライバーです。」
ヒント：大工道具

「これは、椅子です。」
ヒント：家具

## 介入課題

★指定された数字に斜線を引きます。
★1回目30秒、2回目30秒の2回行います。
★この課題は採点されません。

## 問 題 用 紙 1

　これから、たくさん数字が書かれた表が出ますので、私の指示をした数字に斜線を引いてもらいます。
　例えば、「1と4」に斜線を引いてくださいと言ったときは、

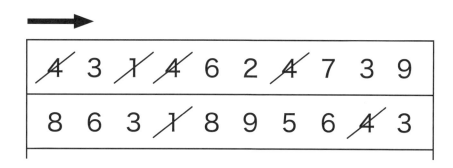

と例示のように順番に、見つけただけ斜線を引いてください。

# 介入課題

1回目「1と5に斜線を引いてください。」

2回目「2と7と9に斜線を引いてください。」

| 回 答 用 紙 1 |
|:---:|

→

| 9 | 3 | 2 | 7 | 5 | 4 | 2 | 4 | 1 | 3 |
|---|---|---|---|---|---|---|---|---|---|
| 3 | 4 | 5 | 2 | 1 | 2 | 7 | 2 | 4 | 6 |
| 6 | 5 | 2 | 7 | 9 | 6 | 1 | 3 | 4 | 2 |
| 4 | 6 | 1 | 4 | 3 | 8 | 2 | 6 | 9 | 3 |
| 2 | 5 | 4 | 5 | 1 | 3 | 7 | 9 | 6 | 8 |
| 2 | 6 | 5 | 9 | 6 | 8 | 4 | 7 | 1 | 3 |
| 4 | 1 | 8 | 2 | 4 | 6 | 7 | 1 | 3 | 9 |
| 9 | 4 | 1 | 6 | 2 | 3 | 2 | 7 | 9 | 5 |
| 1 | 3 | 7 | 8 | 5 | 6 | 2 | 9 | 8 | 4 |
| 2 | 5 | 6 | 9 | 1 | 3 | 7 | 4 | 5 | 8 |

# 手がかり再生
## （自由回答）

★少し前に、何枚かの絵をお見せしました。
★何が描かれていたのかを思い出して、できるだけ全部書いてください。

## 回 答 用 紙 2

1. _____

2. _____

3. _____

4. _____

5. _____

6. _____

7. _____

8. _____

9. _____

10. _____

11. _____

12. _____

13. _____

14. _____

15. _____

16. _____

※回答の順番は問いません。思い出した順で結構です。
※「漢字」でも「カタカナ」でも「ひらがな」でもかまいません。
※書き損じた場合は、二重線で訂正してください。

# 手がかり再生
（手がかり回答）

★今度は回答用紙に、ヒントが書いてあります。
★それを手がかりに、もう一度、何が描かれていたのかを思い出して、できるだけ全部
　書いてください。

## 回 答 用 紙 3

1. 戦いの武器
   <small>たたかいのぶき</small>

2. 楽器
   <small>がっき</small>

3. 体の一部
   <small>からだのいちぶ</small>

4. 電気製品
   <small>でんきせいひん</small>

5. 昆虫
   <small>こんちゅう</small>

6. 動物
   <small>どうぶつ</small>

7. 野菜
   <small>やさい</small>

8. 台所用品
   <small>だいどころようひん</small>

9. 文房具
   <small>ぶんぼうぐ</small>

10. 乗り物
    <small>のりもの</small>

11. 果物
    <small>くだもの</small>

12. 衣類
    <small>いるい</small>

13. 鳥
    <small>とり</small>

14. 花
    <small>はな</small>

15. 大工道具
    <small>だいくどうぐ</small>

16. 家具
    <small>かぐ</small>

※それぞれのヒントに対して回答は１つだけです。２つ以上は書かないでください。
※「漢字」でも「カタカナ」でも「ひらがな」でもかまいません。
※書き損じた場合は、二重線で訂正してください。

# 時間の見当識

★この検査には、5つの質問があります。

★左側に質問が書いてありますので、それぞれの質問に対する答を右側の回答欄に
記入してください。

★答が分からない場合には、自信がなくても良いので思ったとおりに記入してください。
空欄とならないようにしてください。

## 回 答 用 紙 4

## 以下の質問にお答えください。

| 質　問 | 回　答 |
|---|---|
| 今年は何年ですか？ | 年 |
| 今月は何月ですか？ | 月 |
| 今日は何日ですか？ | 日 |
| 今日は何曜日ですか？ | 曜日 |
| 今は何時何分ですか？ | 時　　分 |

※「年」は、西暦（2024年など）で書いても、和暦（令和6年など）で書いてもかまいません。

※「時間」はおおよそで書いてください。

模擬テスト❸の回答＆採点補助用紙は56ページです。

# 認知機能検査

## 模擬テスト ④

**【検査時間合計：約30分】**

諸注意
1 指示があるまで、用紙はめくらないでください。
2 答を書いているときは、声を出さないでください。
3 質問があったら、手を挙げてください。

### 認知機能検査検査用紙

ご自分の名前と生年月日を記入してください。名前にふりがなはいりません。

**回答時間**
**1分30秒**

| 名　前 | |
|---|---|
| 生年月日 | 大正<br>　　　　　　　年　　　　月　　　　日<br>昭和 |

## 手がかり再生
### （イラストの記憶）

これからいくつか絵を見ていただきます。
あとで、何の絵があったかを答えていただきますので、
よく覚えてください。

### 1枚目　1分ほどイラストを見て覚えます。

「これは、刀です。」
ヒント：戦いの武器

「これは、アコーディオンです。」
ヒント：楽器

「これは、足です。」
ヒント：体の一部
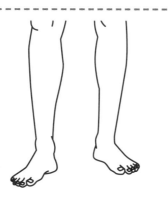

「これは、テレビです。」
ヒント：電気製品

### 2枚目　1分ほどイラストを見て覚えます。

「これは、カブトムシです。」
ヒント：昆虫

「これは、馬です。」
ヒント：動物

「これは、カボチャです。」
ヒント：野菜

「これは、包丁です。」
ヒント：台所用品

## 3枚目　1分ほどイラストを見て覚えます。

「これは、筆です。」
ヒント：文房具

「これは、ヘリコプターです。」
ヒント：乗り物

「これは、パイナップルです。」
ヒント：果物

「これは、ズボンです。」
ヒント：衣類

## 4枚目　1分ほどイラストを見て覚えます。

「これは、スズメです。」
ヒント：鳥

「これは、ヒマワリです。」
ヒント：花

「これは、ノコギリです。」
ヒント：大工道具

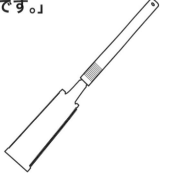

「これは、ソファーです。」
ヒント：家具

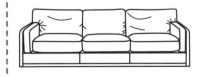

# 介入課題

★指定された数字に斜線を引きます。
★1回目30秒、2回目30秒の2回行います。
★この課題は採点されません。

## 問 題 用 紙 1

　これから、たくさん数字が書かれた表が出ますので、私の指示をした数字に斜線を引いてもらいます。
　例えば、「1と4」に斜線を引いてくださいと言ったときは、

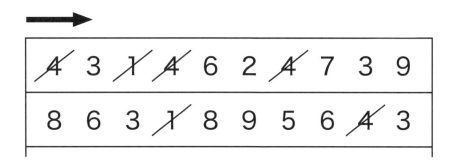

と例示のように順番に、見つけただけ斜線を引いてください。

# 介入課題

1回目「4と7に斜線を引いてください。」
2回目「3と5と8に斜線を引いてください。」

## 回答用紙 1

→

| 9 | 3 | 2 | 7 | 5 | 4 | 2 | 4 | 1 | 3 |
| 3 | 4 | 5 | 2 | 1 | 2 | 7 | 2 | 4 | 6 |
| 6 | 5 | 2 | 7 | 9 | 6 | 1 | 3 | 4 | 2 |
| 4 | 6 | 1 | 4 | 3 | 8 | 2 | 6 | 9 | 3 |
| 2 | 5 | 4 | 5 | 1 | 3 | 7 | 9 | 6 | 8 |
| 2 | 6 | 5 | 9 | 6 | 8 | 4 | 7 | 1 | 3 |
| 4 | 1 | 8 | 2 | 4 | 6 | 7 | 1 | 3 | 9 |
| 9 | 4 | 1 | 6 | 2 | 3 | 2 | 7 | 9 | 5 |
| 1 | 3 | 7 | 8 | 5 | 6 | 2 | 9 | 8 | 4 |
| 2 | 5 | 6 | 9 | 1 | 3 | 7 | 4 | 5 | 8 |

# 手がかり再生
### （自由回答）

★少し前に、何枚かの絵をお見せしました。
★何が描かれていたのかを思い出して、できるだけ全部書いてください。

## 回　答　用　紙　2

1. _____

2. _____

3. _____

4. _____

5. _____

6. _____

7. _____

8. _____

9. _____

10. _____

11. _____

12. _____

13. _____

14. _____

15. _____

16. _____

※回答の順番は問いません。思い出した順で結構です。

※「漢字」でも「カタカナ」でも「ひらがな」でもかまいません。

※書き損じた場合は、二重線で訂正してください。

# 手がかり再生
## （手がかり回答）

回答時間
**3分**

★今度は回答用紙に、ヒントが書いてあります。

★それを手がかりに、もう一度、何が描かれていたのかを思い出して、できるだけ全部
書いてください。

## 回答用紙3

1. 戦いの武器
_____

2. 楽器
_____

3. 体の一部
_____

4. 電気製品
_____

5. 昆虫
_____

6. 動物
_____

7. 野菜
_____

8. 台所用品
_____

9. 文房具
_____

10. 乗り物
_____

11. 果物
_____

12. 衣類
_____

13. 鳥
_____

14. 花
_____

15. 大工道具
_____

16. 家具
_____

※それぞれのヒントに対して回答は1つだけです。2つ以上は書かないでください。

※「漢字」でも「カタカナ」でも「ひらがな」でもかまいません。

※書き損じた場合は、二重線で訂正してください。

## 時間の見当識

★この検査には、5つの質問があります。
★左側に質問が書いてありますので、それぞれの質問に対する答を右側の回答欄に
　記入してください。
★答が分からない場合には、自信がなくても良いので思ったとおりに記入してください。
　空欄とならないようにしてください。

## 回　答　用　紙　4

## 以下の質問にお答えください。

| 質　問 | 回　答 |
|---|---|
| 今年は何年ですか？ | 年 |
| 今月は何月ですか？ | 月 |
| 今日は何日ですか？ | 日 |
| 今日は何曜日ですか？ | 曜日 |
| 今は何時何分ですか？ | 時　　分 |

※「年」は、西暦（2024年など）で書いても、和暦（令和6年など）で書いてもかまいません。
※「時間」はおおよそで書いてください。

模擬テスト❹の回答＆採点補助用紙は57ページです。

# 「手がかり再生」の採点法

　手がかり再生の採点方法を説明します。1つのイラストについて、「自由回答」及び「手がかり回答」の両方とも正答の場合は2点、自由回答のみ正答の場合も2点となります。また、「手がかり回答」のみの正答の場合は1点となります。

　手がかり再生の最大得点は、16個×2点の32点です。100点満点換算とするため、合計点数に指数2.499をかけます。

## ●採点例（模擬テスト1：イラストパターンA）

自由回答（回答用紙2）　　　　　　　手がかり回答（回答用紙3）

| 回 答 用 紙 2 | | 回 答 用 紙 3 | |
|---|---|---|---|
| 1. 大砲 | 9. ものさし | 1. 戦いの武器 大砲 | 9. 文房具 ものさし |
| 2. オルガン | 10. オートバイ | 2. 楽器 オルガン | 10. 乗り物 オートバイ |
| 3. 耳 | 11. ブドウ | 3. 体の一部 耳 | 11. 果物 ブドウ |
| 4. ラジオ | 12. スカート | 4. 電気製品 ラジオ | 12. 衣類 スカート |
| 5. テントウムシ | 13. にわとり | 5. 昆虫 テントウムシ | 13. 鳥 にわとり |
| 6. ライオン | 14. バラ | 6. 動物 ライオン | 14. 花 バラ |
| 7. タケノコ | 15. ペンチ | 7. 野菜 タケノコ | 15. 大工道具 ペンチ |
| 8. フライパン | 16. ベッド | 8. 台所用品 フライパン | 16. 家具 ベッド |

**こちらだけ正答の場合は各2点**　　　　　　**こちらだけ正答の場合は各1点**

**どちらも正答の場合も各2点**

**最大得点はイラスト16個×2点＝32点**

100点満点で換算するため、合計点数に指数2.499をかける（最大約80点）

# 「時間の見当識」の採点法

下の図のようにそれぞれ配点が異なります。すべて正答の場合は15点となります。100点満点に換算するため、合計点数に指数1.336をかけます。

● 採点例(回答用紙4)

2020●年(令和●年)7月30日、火曜日、11時00分の場合

回 答 用 紙 4

以下の質問にお答えください。

| 質 問 | 回 答 | |
|---|---|---|
| 今年は何年ですか? | 2020● または 令和● 年 | ← 正答 5点 |
| 今月は何月ですか? | 7 月 | ← 正答 4点 |
| 今日は何日ですか? | 30 日 | ← 正答 3点 |
| 今日は何曜日ですか? | 火 曜日 | ← 正答 2点 |
| 今は何時何分ですか? | 11 時 00 分 | ← 正答 1点 |

前後29分以内で
あれば正答

最大得点は15点

100点満点で換算するため、合計点数に指数1.336をかける(最大約20点)

# 模擬テスト❶(P.20) 回答＆採点補助用紙

## 採点補助用紙

### 1 手がかり再生
（回答用紙2、3）

| | イラスト | 自由回答 | 手がかり回答 | 得点 |
|---|---|---|---|---|
| 1 | 大砲 | | | |
| 2 | オルガン | | | |
| 3 | 耳 | | | |
| 4 | ラジオ | | | |
| 5 | テントウムシ | | | |
| 6 | ライオン | | | |
| 7 | タケノコ | | | |
| 8 | フライパン | | | |
| 9 | ものさし | | | |
| 10 | オートバイ | | | |
| 11 | ブドウ | | | |
| 12 | スカート | | | |
| 13 | にわとり | | | |
| 14 | バラ | | | |
| 15 | ペンチ | | | |
| 16 | ベッド | | | |
| | 小計 1 | | | /32 |

### 2 時間の見当識
（回答用紙4）

| 質問 | 得点 |
|---|---|
| 何年 | |
| 何月 | |
| 何日 | |
| 何曜日 | |
| 何時何分 | |
| 小計 2 | /15 |

←15点以上で採点終了可
（指数の2.499をかけると
36点以上になるため）

## 【総合点の算出】

$$\boxed{\quad}_{/32} \times 2.499 + \boxed{\quad}_{/15} \times 1.336 = \boxed{\quad}_{点} \text{総合点}$$

1 2

↑1 が15点以上の場合、総合点の計算省略可

## 【採点結果】

36点未満 ✕ ☐

36点以上 ○ ☐

認知症のおそれなし

## 判定結果の注意点

本書の模擬テストは簡易検査であり「認知症のおそれあり・おそれなし」
のどちらの判定でも医学的な判定ではありませんのでご注意ください。

# 模擬テスト❷(P.28) 回答＆採点補助用紙

## 採点補助用紙

① 手がかり再生
（回答用紙2、3）

| | イラスト | 自由回答 | 手がかり回答 | 得点 |
|---|---|---|---|---|
| 1 | 戦車 | | | |
| 2 | 太鼓 | | | |
| 3 | 目 | | | |
| 4 | ステレオ | | | |
| 5 | トンボ | | | |
| 6 | ウサギ | | | |
| 7 | トマト | | | |
| 8 | ヤカン | | | |
| 9 | 万年筆 | | | |
| 10 | 飛行機 | | | |
| 11 | レモン | | | |
| 12 | コート | | | |
| 13 | ペンギン | | | |
| 14 | ユリ | | | |
| 15 | カナヅチ | | | |
| 16 | 机 | | | |
| 小計 ① | | | | /32 |

② 時間の見当識
（回答用紙4）

| 質問 | 得点 |
|---|---|
| 何年 | |
| 何月 | |
| 何日 | |
| 何曜日 | |
| 何時何分 | |
| 小計 ② | /15 |

←15点以上で採点終了可
（指数の2.499をかけると
36点以上になるため）

## 【総合点の算出】

① /32 ×2.499＋ ② /15 ×1.336＝ 総合点 点

↑①が15点以上の場合、総合点の計算省略可

## 【採点結果】

36点未満 ✕ ☐

36点以上 ◯ ☐

認知症のおそれなし

判定結果の注意点　本書の模擬テストは簡易検査であり「認知症のおそれあり・おそれなし」のどちらの判定でも医学的な判定ではありませんのでご注意ください。

# 模擬テスト❸(P.36) 回答＆採点補助用紙

## 採点補助用紙

### 1 手がかり再生
（回答用紙2、3）

| | イラスト | 自由回答 | 手がかり回答 | 得点 |
|---|---|---|---|---|
| 1 | 機関銃 | | | |
| 2 | 琴 | | | |
| 3 | 親指 | | | |
| 4 | 電子レンジ | | | |
| 5 | セミ | | | |
| 6 | 牛 | | | |
| 7 | トウモロコシ | | | |
| 8 | ナベ | | | |
| 9 | はさみ | | | |
| 10 | トラック | | | |
| 11 | メロン | | | |
| 12 | ドレス | | | |
| 13 | クジャク | | | |
| 14 | チューリップ | | | |
| 15 | ドライバー | | | |
| 16 | 椅子 | | | |
| 小計 1 | | | | /32 |

### 2 時間の見当識
（回答用紙4）

| 質問 | 得点 |
|---|---|
| 何年 | |
| 何月 | |
| 何日 | |
| 何曜日 | |
| 何時何分 | |
| 小計 2 | /15 |

←15点以上で採点終了可
（指数の2.499をかけると
36点以上になるため）

### 【総合点の算出】

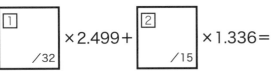

| 1 |
|---|
| /32 |
×2.499＋
| 2 |
|---|
| /15 |
×1.336＝
**総合点**
| |
|---|
| 点 |

↑1が15点以上の場合、総合点の計算省略可

### 【採点結果】

36点未満 ✕ ☐

36点以上 〇 ☐

認知症のおそれなし

---

**判定結果の注意点** 本書の模擬テストは簡易検査であり「認知症のおそれあり・おそれなし」のどちらの判定でも医学的な判定ではありませんのでご注意ください。

## 採点補助用紙

① 手がかり再生
（回答用紙２、３）

② 時間の見当識
（回答用紙４）

| | イラスト | 自由回答 | 手がかり回答 | 得点 |
|---|---|---|---|---|
| 1 | 刀 | | | |
| 2 | アコーディオン | | | |
| 3 | 足 | | | |
| 4 | テレビ | | | |
| 5 | カブトムシ | | | |
| 6 | 馬 | | | |
| 7 | カボチャ | | | |
| 8 | 包丁 | | | |
| 9 | 筆 | | | |
| 10 | ヘリコプター | | | |
| 11 | パイナップル | | | |
| 12 | ズボン | | | |
| 13 | スズメ | | | |
| 14 | ヒマワリ | | | |
| 15 | ノコギリ | | | |
| 16 | ソファー | | | |
| 小計　① | | | | /32 |

| 質問 | 得点 |
|---|---|
| 何年 | |
| 何月 | |
| 何日 | |
| 何曜日 | |
| 何時何分 | |
| 小計　② | /15 |

←15点以上で採点終了可
（指数の2.499をかけると
36点以上になるため）

【総合点の算出】

$\boxed{①}_{/32} \times 2.499 + \boxed{②}_{/15} \times 1.336 = \boxed{総合点}$ 点

↑①が15点以上の場合、総合点の計算省略可

【採点結果】

36点未満 ✕ ☐

36点以上 ◯ ☐

認知症のおそれなし

判定結果の注意点　本書の模擬テストは簡易検査であり「認知症のおそれあり・おそれなし」
のどちらの判定でも医学的な判定ではありませんのでご注意ください。

# 第3章

# ＼脳科学で認知機能アップ！／
# 認知機能検査
# 合格脳ドリル30日分

**合格脳力UP！** 記憶力 情報処理力 視空間認知力（しくうかんにんちりょく）**強化！**

本書脳トレで、検査で使う認知機能をアップさせる！「時間の見当識」検査も脳トレで時間感覚を強化する

## 合格へ記憶力と情報処理力の2つを向上させよう！

認知機能検査では、絵を覚える作業なので記憶力がチェックされます。しかし、記憶力だけをきたえればいい、という訳ではありません。脳の認知機能には重要な脳力2つがあります。1つは記憶力、もう1つが情報処理力です。この2つが両輪となり脳が正しく働くのです。記憶とは情報ですから情報の出し入れ（処理作業）をたくさんやる力がないと、記憶できる量も少なくなるのです。この2つをきたえて、認知機能を向上させましょう。

また、検査では絵を覚えるので、見た情報を把握する視空間認知力が必要です。

この3つの脳力向上が合格へのカギです。

また「時間の見当識」対策として各ページに年月日、曜日、時刻を書く欄があります。時計を見ずに書き込んで、日にちと時間を認知する脳力を高めましょう。

毎日の脳トレで「時間の見当識」検査の対策も入念にやる！

| | 年 | 曜 | 今の時刻 |
|---|---|---|---|
| 月 | 日 | 日 | 時　分 |

## 「認知機能検査」は4種×4の16種の絵を見て答える

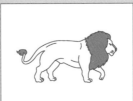

## 記憶力▶覚える力UP

脳トレの効果を最大限に発揮させる重要なポイントがあります。それは「自分の限界速度でとにかく速く解く」です。「速さ」と記憶力の両輪で脳を働かせると、脳は「働く脳」へと生まれ変わります。これは、記憶力の脳トレだけではなく全ての脳トレを行う際も意識して取り組みましょう。

誌面で「記憶力」マークがある問題は、「記憶力」をきたえるトレーニングです。数字などを一時的に覚えて解き進める作業、昔覚えた熟語や言葉を思い出して解く作業で記憶力をきたえることができます。脳トレは毎日取り組むことが重要です。

### 5 日 ／ 記憶力　ことわざパズル

年月日曜日　今の時刻　月　日　時　分　一答え▶P30　正答数／12　かかった時間　分　秒　00分

リストの字を全て□に入れて、ことわざを完成させましょう。

1 □いた□がふさがらない
2 □寄れば文殊の□
3 □は口ほどに□を言う
4 □らぬ□の□
5 振り合うも□の縁
6 □が通れば□が引っ込む
7 □の□ちどころがない
8 □の□から飛び降りる
9 言うは□く行うは□し
10 □るほど□が下がる□かな
11 □と□には勝てぬ
12 □の虫にも□の魂

リスト：目　三人　舞台　稲穂　間　難　地頭　打　捕　道理
多生　一寸　実　無理　皮算用　五分　知恵　物
口　理　非　清水　泣く子　頭　易　袖

64

## 情報処理力▶頭の回転力UP

単純な計算をできるだけ速く解くことで頭の回転力が上がり、情報処理力がスピードアップします。誌面では「情報処理」のマークがある問題です。しかし学校のテストとは異なり、計算ミスを気にする必要はありません。とにかく「全速力で解く」ことで、情報を処理する速度をどんどん向上させます。

計算などの作業は「記憶」にあまり関係がないように思われる方もいらっしゃるかもしれません。

しかし、記憶できる量を増やすためには、計算などの情報処理作業のトレーニングが非常に有効です。全速力&集中して脳トレに取り組みましょう。

### 11 日 ／ 情報処理　筆算

年月日曜日　今の時刻　月　日　時　分　一答え▶P30　正答数／20　かかった時間　分　秒　3分

筆算で計算しましょう。

1　17＋56
2　75－42
3　28×3
4　83－71

5　78－45
6　69＋28
7　53－49
8　4×27

9　13＋22
10　58－26
11　35＋20
12　64＋41

13　33×4
14　16＋48
15　95－38
16　43＋29

17　51－16
18　82－37
19　68＋23
20　45×3

70

## 視空間認知力▶見た情報を処理

認知機能検査では、4種類の絵を4セット＝合計16種類の絵を見せられ、絵の名前をいくつ覚えられたかがチェックされます。

検査に出る絵は、馬、包丁、ひまわり、テレビなど幅広いジャンルから次々に提示されるため、目の前の数多くの情報を正しく把握する力が必要です。このような脳力を視空間認知力といいます。

「視空間認知」と表示した問題では、イラストの絵柄を見て違いを見分ける脳力、文字のパーツを見て瞬時に正しく把握する脳力をきたえます。細かい絵の違いを見分けるので注意力や集中力の向上も期待できます。

### 9 日 ／ 視空間認知　同じ絵ペア

年月日曜日　今の時刻　月　日　時　分　一答え▶P30　正答数／1　かかった時間　分　秒　00分

同じ絵のペアをひと組探して答えましょう。違う部分も見つけてチェックしましょう。

□ と □

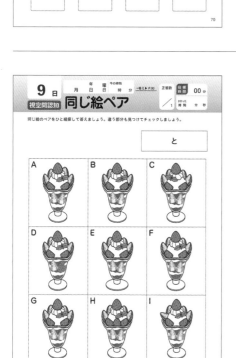

68

# 1 日

視空間認知

| 年 | 曜 | 今の時刻 | |
|---|---|---|---|
| 月 | 日 | 日 | 時 分 |

→答え ▶ P.90

| 正答数 | | 目標時間 | 6分 |
|---|---|---|---|
| / 20 | | かかった時間 | 分 秒 |

# 標識ペア探し

同じ標識のペア20組をできるだけ早く見つけてチェックしましょう。ただし使われないものもまざっています。

年　曜　今の時刻
月　日　日　時　分
→答え▶ P.90

正答数
／28

目標時間　5分
かかった時間　分　秒

# 四字熟語パズル

漢字を正しく並べ替えて、□に四字熟語を書きましょう。また、その<u>読み</u>を書きましょう。

1 義 大 分 名

〔読み〕

2 風 東 耳 馬

〔読み〕

3 誠 意 心 誠

〔読み〕

4 石 二 一 鳥

〔読み〕

5 信 疑 半 半

〔読み〕

6 臨 変 応 機

〔読み〕

7 投 気 合 意

〔読み〕

8 両 武 文 道

〔読み〕

9 大 重 長 厚

〔読み〕

10 欠 完 無 全

〔読み〕

11 単 入 直 刀

〔読み〕

12 伝 以 心 心

〔読み〕

13 由 自 在 自

〔読み〕

14 名 実 有 無

〔読み〕

**3**日

情報処理

年　月　日　曜日　今の時刻　時　分

→答え▶ P.90

正答数　／16

目標時間　12分

かかった時間　分　秒

# じゃんけん足し算

グー 0　チョキ 2　パー 5 を覚えて暗算で足し算しましょう。

（例：グーチョキパーパーなら 0＋2＋5＋5で答えは 12 です。）

答え

| | 問題 | 答え |
|---|---|---|
| 1 | パーチョキパーチョキパーチョキチョキグーチョキ | |
| 2 | グーパーチョキグーチョキパーグーチョキグーパー | |
| 3 | チョキチョキパーチョキグーパーパーグーチョキ | |
| 4 | パーグーグーチョキパーチョキチョキグーパーチョキ | |
| 5 | パーチョキパーグーパーチョキパーチョキチョキパー | |
| 6 | チョキグーチョキパーチョキチョキパーグーパーグー | |
| 7 | チョキパーチョキグーパーチョキグーパーチョキグー | |
| 8 | グーチョキグーパーパーチョキパーグーパーチョキ | |
| 9 | パーパーチョキグーチョキパーグーチョキグーパー | |
| 10 | チョキパーパーチョキグーパーチョキパーチョキ | |
| 11 | パーチョキチョキチョキパーチョキグーパーパー | |
| 12 | パーグーパーチョキパーパーチョキグーグーパー | |
| 13 | チョキグーパーチョキパーグーパーチョキチョキグー | |
| 14 | グーチョキグーパーチョキグーチョキグーパーパー | |
| 15 | チョキパーグーパーチョキパーパーチョキグーチョキ | |
| 16 | グーグーパーチョキパーグーグーチョキパーチョキ | |

# 4 日

| 年 | 曜 | 今の時刻 | |
|---|---|---|---|
| 月 日 | 日 | 時 分 | →答え▶ P.90 |

視空間認知

# イラスト間違い探し

| 正答数 | | 目標時間 | 10 分 |
|---|---|---|---|
| / | 12 | かかった時間 | 分 秒 |

下の絵には 12 か所、上と異なる部分があります。それを探して〇で囲みましょう。

**正**　　　　　　　　　　　　　　　　　間違い12か所

**誤**

# ことわざパズル

リストの字をすべて□に入れて、ことわざを完成させましょう。

1 □ いた □ がふさがらない

2 □ 寄れば文殊の □

3 □ は口ほどに □ を言う

4 □ らぬ □ の □

5 □ 振り合うも □ の縁

6 □ が通れば □ が引っ込む

7 □ の □ ちどころがない

8 □ の □ から飛び降りる

9 言うは □ く行うは □ し

10 □ るほど □ の下がる □ かな

11 □ と □ には勝てぬ

12 □ の虫にも □ の魂

**6** 日

情報処理

年　曜　今の時刻
月　日　日　時　分　→答え ▶ P.91

正答数 ／15

目標時間 3分

かかった時間　分　秒

# 検査イラスト種類分け

検査に出る絵を<u>下記に分類</u>して<u>絵の名前</u>を書きましょう。

| 台所用品 | |
| --- | --- |
| 家具 | |
| 大工道具 | |
| 花 | |

# ごちゃまぜ計算

計算して、答えを<u>数字</u>で書きましょう。

1. 六 ＋ さんじゅうに ＋ 4 － ニジュウロク ＝

2. ヨンジュウナナ － じゅうご ＋ 二十六 － 8 ＋ きゅう ＝

3. 五十三 ＋ じゅうきゅう － サンジュウヨン ＝

4. はち × 七 － ニジュウゴ ＋ ななじゅうなな ＝

5. ななじゅうに － ロクジュウキュウ ＋ 六 ＝

6. 2 × 三十五 ＋ にじゅうきゅう － ジュウキュウ ＝

7. 十四 ＋ よんじゅうなな － ゴジュウイチ ＋ じゅう ＝

8. きゅうじゅうきゅう － ニジュウヨン ＋ 七十三 ＋ ご ＝

9. ろくじゅうに － ニジュウサン － 二十一 ＝

10. 3 ＋ 八十 － じゅうに － ヨンジュウヨン ＝

11. ニジュウロク ＋ 七十三 － じゅうなな ＝

12. 四十八 － ジュウゴ － にじゅういち ＋ ナナジュウゴ ＝

13. 3 × 三十九 ＋ ゴジュウ － ろくじゅうなな ＝

14. ジュウロク ＋ ななじゅうに － 八十一 ＋ 23 ＝

15. 78 － にじゅうに ＋ サンジュウキュウ ＋ ご ＝

# 漢字で読み書き

年 月　日 日　曜 日　今の時刻 時　分　→答え▶ P.91　正答数 ／50　目標時間 6 分　かかった時間 分 秒

—線部の読みをひらがなで書きましょう。

1 再び挑戦しよう。

2 願をかけるために禁酒した。

3 留学したことで成長した。

4 最後の大会に悔いはない。

5 あともう一歩だけ前へ出る。

6 親の方が緊張する。

7 恋愛に臆病にならないで。

8 得意な料理はなに？

9 来週は旅行に出かけよう。

10 私の趣味は読書だ。

11 就職祝いに時計をもらった。

12 健康のために階段を使う。

13 面倒なことは先に済ませる。

14 懐かしい友人に会った。

15 庭の木を剪定した。

□に漢字を書きましょう。

1 しん りょく が まぶ しい季節。

2 しゅう じ じゅ ぎょう の が苦手だ。

3 そつ ぎょう の歌の ばん そう の。

4 ぜい きん を おさ める。

5 ぜっ きょう コースターは こわ い。

6 ぜっ たい に あきら めない。

7 や きゅう の かん せん に行く。

8 に もつ が い がい に重かった。

9 ね ぼう をして ち こく した。

10 でん しゃ が とう ちゃく した。

# 9 日

視空間認知 同じ絵ペア

年 曜 今の時刻
月 日 日 時 分

→答え ▶ P.91

正答数 / 1

目標時間 4分

かかった時間 分 秒

同じ絵のペアをひと組探して答えましょう。違う部分も見つけてチェックしましょう。

と

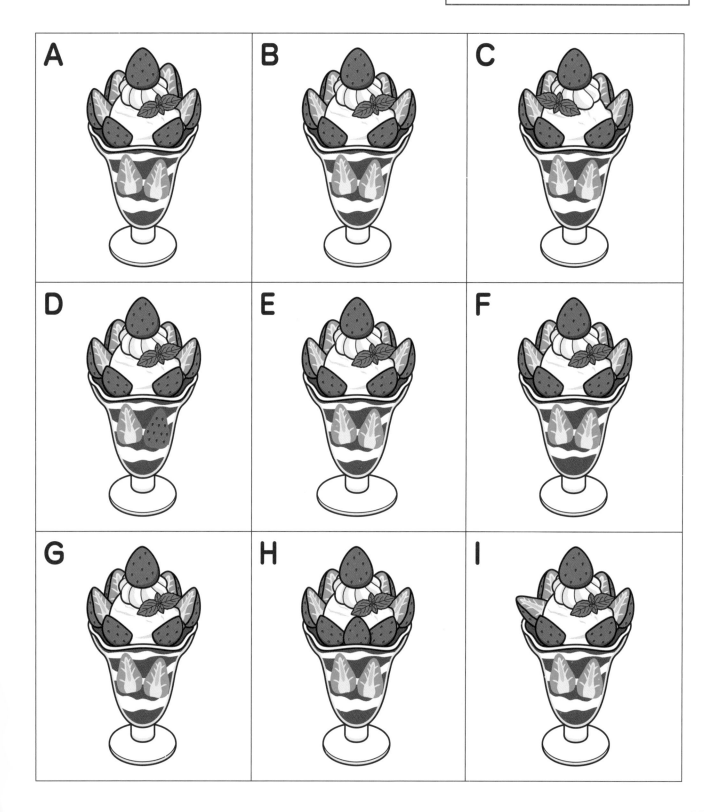

年　月
曜　日
今の時刻　時　分
→答え▶ P.92
正答数 ／42
目標時間 15 分
かかった時間 分 秒

札にある熟語の読みでしりとりをします。しりとりですべての札がつながるように左から読みを書いて並べましょう。

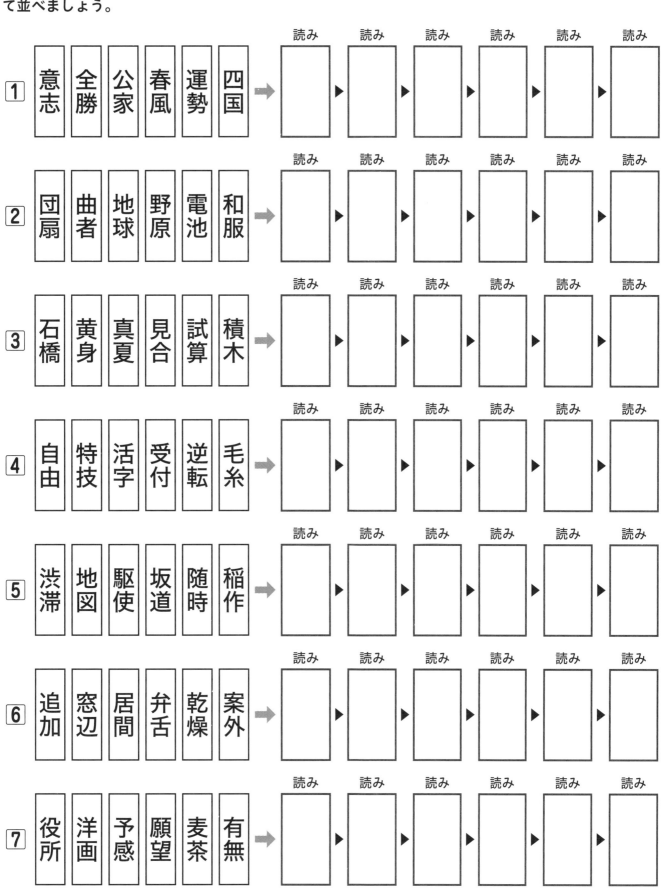

1　意志　全勝　公家　春風　運勢　四国　→　読み　読み　読み　読み　読み　読み

2　団扇　曲者　地球　野原　電池　和服　→　読み　読み　読み　読み　読み　読み

3　石橋　黄身　真夏　見合　試算　積木　→　読み　読み　読み　読み　読み　読み

4　自由　特技　活字　受付　逆転　毛糸　→　読み　読み　読み　読み　読み　読み

5　渋滞　地図　駆使　坂道　随時　稲作　→　読み　読み　読み　読み　読み　読み

6　追加　窓辺　居間　弁舌　乾燥　案外　→　読み　読み　読み　読み　読み　読み

7　役所　洋画　予感　願望　麦茶　有無　→　読み　読み　読み　読み　読み　読み

11 日
情報処理　筆算

年　　曜　今の時刻
月　日　日　　時　分　　→答え ▶ P.92

正答数
／20

目標時間　3分

かかった時間　　分　秒

筆算で計算しましょう。

1
```
   17
+  56
```

2
```
   75
-  42
```

3
```
   28
×   3
```

4
```
   83
-  71
```

5
```
   78
-  45
```

6
```
   69
+  28
```

7
```
   53
-  49
```

8
```
    4
×  27
```

9
```
   13
+  22
```

10
```
   58
-  26
```

11
```
   35
×  20
```

12
```
   64
+  41
```

13
```
   33
×   4
```

14
```
   16
+  48
```

15
```
   95
-  38
```

16
```
   43
+  29
```

17
```
   51
-  16
```

18
```
   82
-  37
```

19
```
   68
+  23
```

20
```
   45
×   3
```

# 12日

視空間認知

# 穴あき四字熟語

年　曜　今の時刻
月　日　日　時　分

→答え▶ P.92

正答数
／64

目標時間　9分

かかった時間　分　秒

抜けている穴に当てはまるパーツの番号を入れ、完成した四字熟語を□に書きましょう。

1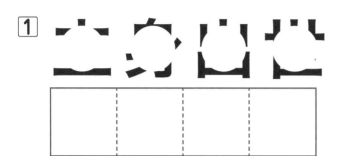

2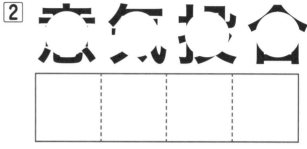

3

4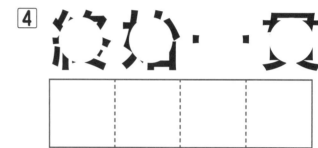

5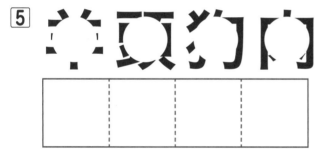

6

7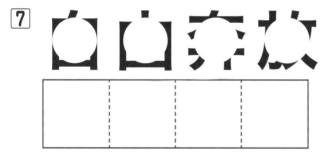

8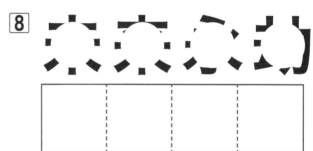

リスト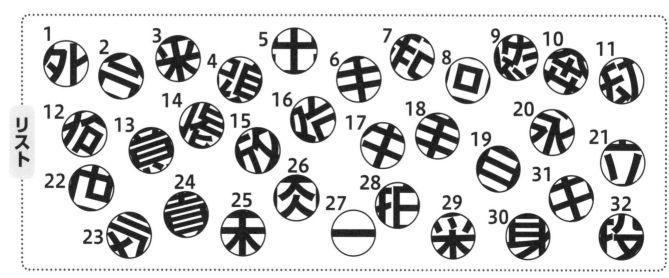

| 年 | 曜 | 今の時刻 |
|---|---|---|
| 月 | 日 | 日 | 時 分 |

→答え ▶ P.92

正答数 / 6

目標時間 **9**分

かかった時間 分 秒

# あみだくじ足し算

 2  5  7 を 20 秒で覚えましょう。左の数字を手か紙でかくして、下の絵でたし算をしながら、あみだくじでゴールまで進みましょう。ゴールに合計数を入れましょう。

※あみだのななめ線では、上がったり下がったりして進みます。

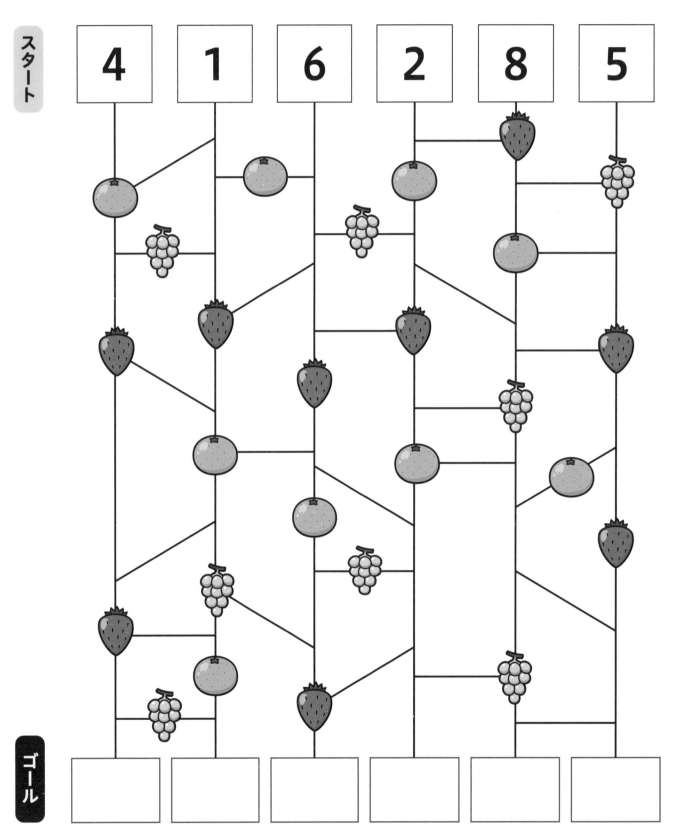

年　曜　今の時刻
月　日　日　時　分

→答え▶ P.92

正答数
／1

目標時間　6分
かかった時間　分　秒

# スピード点つなぎ

1から順にできるだけ速く線をつなぎましょう。

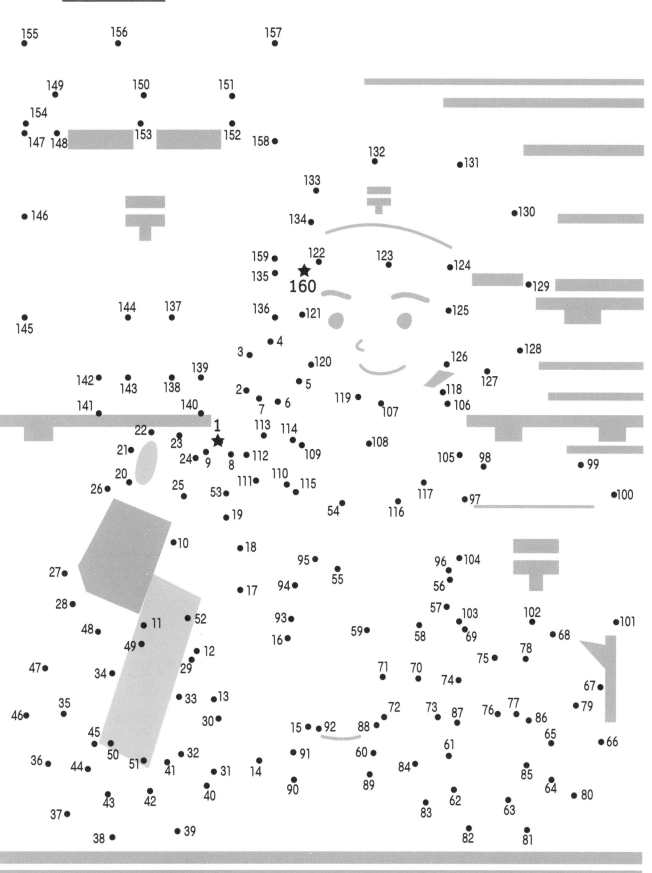

次の漢字をなぞり、読みをひらがなで書きましょう。

1 祝儀
［読み　　　　　］

2 辛辣
［読み　　　　　］

3 衣食住
［読み　　　　　］

4 休憩
［読み　　　　　］

5 鋳物
［読み　　　　　］

6 用心棒
［読み　　　　　］

7 媒体
［読み　　　　　］

8 添乗員
［読み　　　　　］

9 月極
［読み　　　　　］

10 合言葉
［読み　　　　　］

11 懺悔
［読み　　　　　］

12 奇麗
［読み　　　　　］

13 総選挙
［読み　　　　　］

14 軽蔑
［読み　　　　　］

15 煎茶
［読み　　　　　］

16 賢明
［読み　　　　　］

17 意匠
［読み　　　　　］

18 適宜
［読み　　　　　］

19 花吹雪
［読み　　　　　］

20 叡智
［読み　　　　　］

21 爛漫
［読み　　　　　］

22 無限大
［読み　　　　　］

23 静寂
［読み　　　　　］

24 輪廻
［読み　　　　　］

# 16日

**視空間認知**

| | 年 | 曜 | 今の時刻 | |
|---|---|---|---|---|
| | 月 日 | 日 | 時 分 | →答え▶ P.93 |

正答数 ／2

目標時間 6分

かかった時間 分 秒

# 同じ絵探し

見本と同じ絵が<u>2</u>つあります。探して〇で囲みましょう。

**見本**

| 年 | 曜 | 今の時刻 | | →答え▶ P.93 | 正答数 | 目標時間 | 10分 |
| 月 | 日 | 日 | 時 分 | | /6 | かかった時間 | 分 秒 |

# 数字組み合わせ探し

見本の数字をよく覚えましょう。同じ数字の組み合わせを3つ、1つの数字以外同じ組み合わせを3つ答えましょう。

見本
37 84
29 1

A
45 1
67 30

B
16 73
9 28

C
84 37
1 32

D
29 84
37 1

E
91 53
2 37

F
7 64
84 22

G
29 76
58 3

H
6 23
37 51

I
37 29
62 1

J
59 76
2 84

K
12 3
58 29

L
73 48
29 5

M
48 65
5 37

N
37 21
6 43

O
76 13
29 8

P
1 29
84 37

Q
45 8
67 37

R
50 1
29 84

S
4 67
97 84

T
84 37
1 29

U
71 48
26 5

V
15 9
37 28

W
2 76
29 63

同じ組み合わせ

| | | |
| --- | --- | --- |
| | | |

1つの数字以外同じ組み合わせ

| | | |
| --- | --- | --- |
| | | |

年　月　日　曜日　今の時刻　時　分　→答え ▶ P.93　正答数

目標時間　5 分

かかった時間　分　秒

# 文字ひろい

①中心にある●だけを真上から見ながら指定の文字を探しましょう。制限時間は1分。

②次に目を動かして、指定の文字すべてに素早く〇をつけます。かかった時間を記入します。

「ツ」を探す

シ　ツ　ニ　ン　メ
メ　ツ　シ　シ　ミ
ミ　ン　ニ　ニ　ニ　ル
ニ　ハ　ニ　メ
ル　ク　ク
ミ　●　ツ　シ
ニ　ココを見る
ミ　ツ　ニ　ニ　ン　ニ
ニ　ン　メ　ハ　ル
ニ　ク　ハ

①1分間で見つけた数　　　個

②かかった時間　　　分　秒

「こ」を探す

り　こ　さ　き　さ
に　さ　な　さ　さ
う　い　り　に　き
さ　う　き　い　さ
さ　●　に　う
き　ココを見る　に　き
こ　こ　さ　さ
ろ　り　に　さ　こ
り　さ　い　こ　さ　り
さ　こ　り　さ　こ

①1分間で見つけた数　　　個

②かかった時間　　　分　秒

| 年 | 曜 | 今の時刻 | | |
|---|---|---|---|---|
| 月 | 日 | 日 | 時 | 分 |

→答え▶ P.93

| 正答数 | 目標時間 | 9 分 |
|---|---|---|
| / 8 | かかった時間 | 分 秒 |

# たし算ペア

2つの数をたすと 100 になるペア、90 になるペアが 4 つずつあります。その数字を□に書きましょう。

## 1 100 のペア

| 3 | 11 | 13 | 52 | 24 |
|---|---|---|---|---|
| 77 | 82 | 37 | 9 | 43 |
| 38 | 54 | 45 | 60 | 33 |
| 21 | 15 | 16 | 49 | 63 |
| 57 | 93 | 68 | 27 | 88 |
| 85 | 56 | 36 | 23 | 69 |

100 のペア

## 2 90 のペア

| 18 | 57 | 29 | 39 | 21 |
|---|---|---|---|---|
| 73 | 63 | 26 | 5 | 28 |
| 49 | 44 | 56 | 37 | 17 |
| 16 | 75 | 76 | 7 | 13 |
| 69 | 3 | 31 | 42 | 67 |
| 53 | 22 | 84 | 38 | 64 |

90 のペア

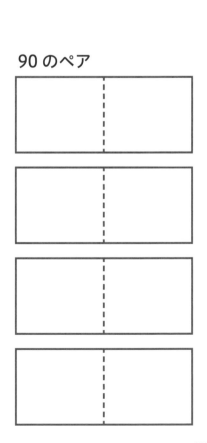

# 標識ペア探し

年　曜　今の時刻
月　日　日　時　分
→答え ▶ P.93

正答数
／20

目標時間　6分
かかった時間　分　秒

同じ標識のペア 20 組をできるだけ早く見つけてチェックしましょう。ただし使われないものもまざっています。

21 日

記憶力

年　曜　今の時刻
月　日　日　時　分

→答え▶ P.94

正答数 ／28

目標時間 5分

かかった時間　分　秒

四字熟語パズル

漢字を正しく並べ替えて、□に四字熟語を書きましょう。また、その読みを書きましょう。

1　長 一 短 一

〔読み〕

2　不 門 出 外

〔読み〕

3　絶 命 絶 体

〔読み〕

4　正 明 大 公

〔読み〕

5　身 低 頭 平

〔読み〕

6　死 起 生 回

〔読み〕

7　成 大 晩 器

〔読み〕

8　給 自 足 自

〔読み〕

9　老 不 死 不

〔読み〕

10　転 起 結 承

〔読み〕

11　博 多 才 学

〔読み〕

12　面 喜 満 色

〔読み〕

13　坊 日 三 主

〔読み〕

14　人 十 色 十

〔読み〕

# 22日

情報処理 計算

年 月　日　曜日　今の時刻 時　分　→答え ▶ P.94

正答数 ／28

目標時間 5分

かかった時間 分 秒

次の計算をしましょう。

1　$6 + 2 - 7 =$

2　$9 \div 3 \times 8 =$

3　$7 - 5 + 10 =$

4　$4 \times 5 - 9 =$

5　$5 \div 5 + 18 =$

6　$10 - 4 + 15 =$

7　$8 \times 6 \div 3 =$

8　$23 + 7 - 13 =$

9　$11 \times 9 - 76 =$

10　$19 - 7 + 47 =$

11　$70 \div 2 - 27 =$

12　$8 + 15 - 9 =$

13　$12 \times 3 \div 2 =$

14　$47 - 15 + 19 =$

15　$93 \div 3 + 37 =$

16　$52 \div 4 - 8 =$

17　$15 \times 3 \div 5 =$

18　$18 + 29 - 34 =$

19　$60 - 14 + 13 =$

20　$12 \times 5 \div 4 =$

21　$96 \div 2 - 19 =$

22　$51 - 33 + 42 =$

23　$22 + 71 - 65 =$

24　$42 \div 7 \times 2 =$

25　$80 \times 2 - 61 =$

26　$77 - 53 + 6 =$

27　$40 \div 8 \times 3 =$

28　$69 - 38 + 13 =$

81

**23日**

記憶力

年　曜　今の時刻
月　日　日　時　分

→答え▶ P.94

正答数
／30

目標時間　5分

かかった時間　分　秒

# ことわざパズル

リストの字をすべて□に入れて、ことわざを完成させましょう。

1 ☐☐ を尽くして ☐☐ を待つ

2 痛くもない ☐ を ☐ られる

3 ☐ しきなかにも ☐☐ あり

4 帯に ☐ したすきに ☐ し

5 塵（ちり）も ☐ もれば ☐ となる

6 ☐ のない所に ☐ は立たぬ

7 好きこそ ☐ の ☐☐ なれ

8 ☐☐ は ☐☐ の徳

9 ☐ の ☐ ぬ ☐ に ☐☐

10 ☐ えあれば ☐ いなし

11 ☐ は ☐☐ 、 ☐ は ☐☐

12 ☐☐ は ☐ 、 ☐☐ は ☐

**リスト**

礼儀　居　物　煙　短　親　洗濯　金　道連れ　人事

火　積　沈黙　早起き　旅　鬼　備　世　憂　情け

間　長　探　銀　天命　山　上手　三文　雄弁　腹

82

# 検査イラスト 種類分け

検査に出る絵を下記に分類して絵の名前を書きましょう。

| 楽器 | |
|------|--|
| 動物 | |
| 野菜 | |
| 文房具 | |

| 年 | 曜 | 今の時刻 | | →答え▶ P.94 | 正答数 | 目標時間 | **8**分 |
|---|---|---|---|---|---|---|---|
| 月 日 | 日 | 時 分 | | | /24 | かかった時間 | 分 秒 |

# なぞり書きと読み

次の漢字をなぞり、読みをひらがなで書きましょう。

1 陳列
（読み　　　　　）

2 頭巾
（読み　　　　　）

3 影武者
（読み　　　　　）

4 機微
（読み　　　　　）

5 縁起
（読み　　　　　）

6 登竜門
（読み　　　　　）

7 飛翔
（読み　　　　　）

8 有頂天
（読み　　　　　）

9 王朝
（読み　　　　　）

10 修羅場
（読み　　　　　）

11 模倣
（読み　　　　　）

12 賄賂
（読み　　　　　）

13 哺乳類
（読み　　　　　）

14 抱負
（読み　　　　　）

15 肖像
（読み　　　　　）

16 希薄
（読み　　　　　）

17 憤慨
（読み　　　　　）

18 素敵
（読み　　　　　）

19 蜃気楼
（読み　　　　　）

20 孤高
（読み　　　　　）

21 悠久
（読み　　　　　）

22 突拍子
（読み　　　　　）

23 芳醇
（読み　　　　　）

24 挨拶
（読み　　　　　）

# 26日

視空間認知

**26日** **同じ絵ペア**

年　曜　今の時刻
月　日　日　時　分

→答え▶ P.95

正答数 ／1

目標時間 **9**分

かかった時間　分　秒

同じ絵のペアをひと組探して答えましょう。違う部分も見つけてチェックしましょう。

と

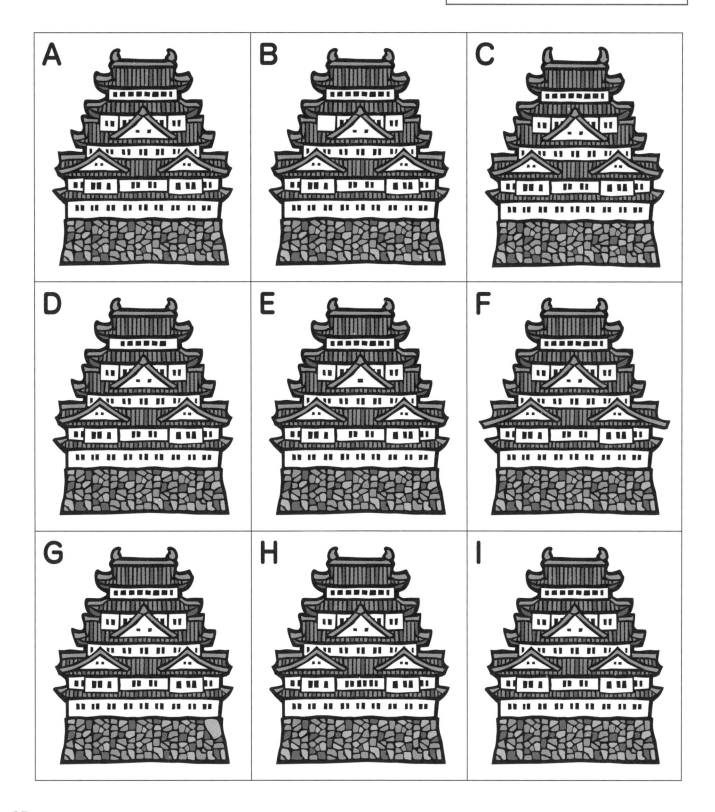

# しりとりで並べ替え

札にある熟語の読みでしりとりをします。しりとりですべての札がつながるように左から読みを書いて並べましょう。

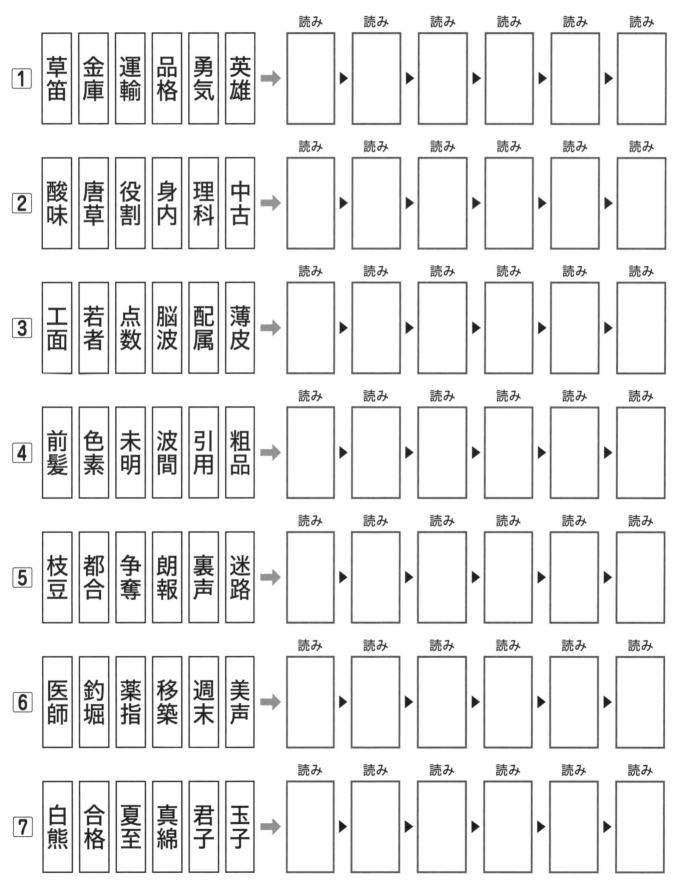

1. 草笛　金庫　運輸　品格　勇気　英雄

2. 酸味　唐草　役割　身内　理科　中古

3. 工面　若者　点数　脳波　配属　薄皮

4. 前髪　色素　未明　波間　引用　粗品

5. 枝豆　都合　争奪　朗報　裏声　迷路

6. 医師　釣堀　薬指　移築　週末　美声

7. 白熊　合格　夏至　真綿　君子　玉子

| 年 | 曜 | 今の時刻 |
|---|---|---|
| 月　　日 | 日 | 時　　分 |

→答え▶ P.95

正答数 　／16

目標時間 **10**分

かかった時間　　分　　秒

# ごちゃまぜ計算

計算して、答えを数字で書きましょう。

1　ゴジュウロク － さんじゅうよん ＋ 18 　＝

2　1 × 二十八 ＋ キュウ ＋ じゅうよん － ヨンジュウ ＝

3　ご × 2 ＋ ろくじゅう － 6 ＋ ニジュウナナ ＝

4　ハチジュウイチ － 五十三 ＋ よん ＋ 22 － ご ＝

5　九 ÷ サン × にじゅうに ＋ ぜろ － じゅうはち ＝

6　七十四 － ニジュウゴ － 3 ＋ ろくじゅうろく ＝

7　ヨンジュウキュウ ＋ ななじゅうさん ＋ 六 ＝

8　九十二 － ジュウハチ ＋ さんじゅうさん ＝

9　ろく × 2 ＋ ゴジュウヨン － さんじゅうろく ＝

10　いち ÷ 1 ＋ 九 ＋ ロクジュウゴ － よんじゅう ＝

11　ごじゅうに ＋ キュウ ＋ 二十七 － 30 ＝

12　五十 － 4 ＋ サン － にじゅうに － ジュウナナ ＝

13　ひゃくご － 七十二 ＋ イチ － じゅうはち ＝

14　ハチジュウハチ ＋ さん － 二十六 ＋ 15 － に ＝

15　60 ÷ さんじゅう ＋ はち － ゴ ＋ 二十二 ＝

16　ななじゅうなな ÷ なな × 2 ＋ サン － 16 ＝

**29日**

視空間認知

| | 年 | 曜 | 今の時刻 | | 正答数 | 目標時間 | 5分 |
|---|---|---|---|---|---|---|---|
| | 月 | 日 | 日 | 時 分 | →答え▶ P.95 | | かかった時間 分 秒 |

# 文字ひろい

①中心にある●だけを真上から見ながら指定の文字を探しましょう。制限時間は1分。

②次に目を動かして、指定の文字すべてに素早く○をつけます。かかった時間を記入します。

「ク」を探す

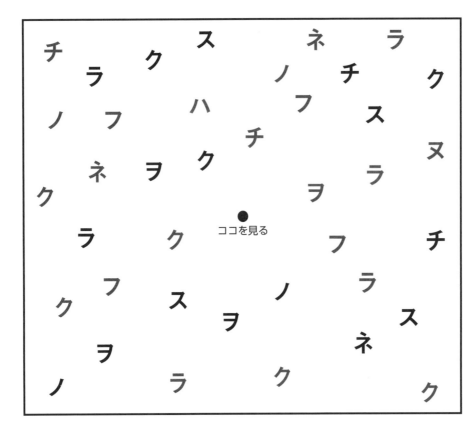

①1分間で
見つけた数

個

②かかった時間

分　秒

「お」を探す

①1分間で
見つけた数

個

②かかった時間

分　秒

# 数字組み合わせ探し

見本の数字を<u>よく覚えましょう</u>。同じ数字の組み合わせを3つ、<u>1つの数字以外同じ組み合わせ</u>を3つ答えましょう。

**見本**

| 53 | 6 |
| 47 | 62 |

**A**

| 59 | 76 |
| 2 | 47 |

**B**

| 72 | 8 |
| 95 | 53 |

**C**

| 51 | 38 |
| 92 | 6 |

**D**

| 9 | 36 |
| 74 | 53 |

**E**

| 53 | 62 |
| 4 | 47 |

**F**

| 62 | 28 |
| 79 | 3 |

**G**

| 47 | 22 |
| 5 | 63 |

**H**

| 62 | 47 |
| 53 | 6 |

**I**

| 53 | 7 |
| 42 | 96 |

**J**

| 38 | 62 |
| 84 | 3 |

**K**

| 4 | 53 |
| 79 | 36 |

**L**

| 46 | 7 |
| 81 | 53 |

**M**

| 62 | 53 |
| 6 | 80 |

**N**

| 6 | 29 |
| 43 | 51 |

**O**

| 47 | 4 |
| 28 | 63 |

**P**

| 71 | 53 |
| 84 | 2 |

**Q**

| 53 | 62 |
| 6 | 47 |

**R**

| 3 | 36 |
| 74 | 52 |

**S**

| 62 | 38 |
| 34 | 9 |

**T**

| 47 | 6 |
| 53 | 98 |

**U**

| 46 | 26 |
| 5 | 53 |

**V**

| 6 | 47 |
| 62 | 53 |

**W**

| 53 | 7 |
| 82 | 46 |

同じ組み合わせ

| | | |
| --- | --- | --- |
| | | |

1つの数字以外同じ組み合わせ

| | | |
| --- | --- | --- |
| | | |

## 3日

| | | |
|---|---|---|
| 1 25 | 2 21 | 3 23 |
| 4 23 | 5 33 | 6 23 |
| 7 23 | 8 26 | 9 26 |
| 10 28 | 11 28 | 12 29 |
| 13 23 | 14 21 | 15 28 |
| 16 21 | | |

## 4日

## 5日

1 開いた口がふさがらない
2 三人寄れば文殊の知恵
3 目は口ほどに物を言う
4 捕らぬ狸の皮算用
5 袖振り合うも多生の縁
6 無理が通れば道理が引っ込む
7 非の打ちどころがない
8 清水の舞台から飛び降りる
9 言うは易く行うは難し
10 実るほど頭の下がる稲穂かな
11 泣く子と地頭には勝てぬ
12 一寸の虫にも五分の魂

## 1日

〈ペアになる標識〉

〈ペアにならない標識〉

## 2日

1 大義名分
（たいぎめいぶん）

2 馬耳東風
（ばじとうふう）

3 誠心誠意
（せいしんせいい）

4 一石二鳥
（いっせきにちょう）

5 半信半疑
（はんしんはんぎ）

6 臨機応変
（りんきおうへん）

7 意気投合
（いきとうごう）

8 文武両道
（ぶんぶりょうどう）

9 重厚長大
（じゅうこうちょうだい）

10 完全無欠
（かんぜんむけつ）

11 単刀直入
（たんとうちょくにゅう）

12 以心伝心
（いしんでんしん）

13 自由自在
（じゆうじざい）

14 有名無実
（ゆうめいむじつ）

## 下段

1 新緑　眩　　2 習字　授業
3 卒業　伴奏　　4 税金　納
5 絶叫　怖（恐）　6 絶対　諦
7 野球　観戦　　8 荷物　意外
9 寝坊　遅刻　　10 電車　到着

## 6 日　（それぞれ順不同）

| 台所用品 | ヤカン、包丁、ナベ、フライパン |
| --- | --- |
| 家具 | 机、ベッド、ソファー |
| 大工道具 | ペンチ、ドライバー、カナヅチ、ノコギリ |
| 花 | ヒマワリ、チューリップ、バラ、ユリ |

## 9 日

### B と G　（順不同）〇は違う部分

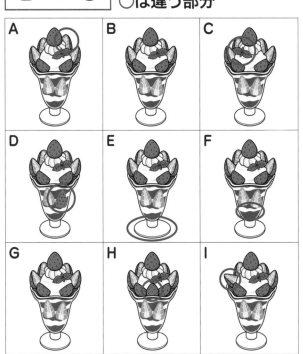

## 7 日

| 1 16 | 2 59 | 3 38 |
| --- | --- | --- |
| 4 108 | 5 9 | 6 80 |
| 7 20 | 8 153 | 9 18 |
| 10 27 | 11 82 | 12 87 |
| 13 100 | 14 30 | 15 100 |

## 8 日

### 上段

1 〔ふたた〕〔ちょうせん〕
2 〔がん〕〔きんしゅ〕
3 〔りゅうがく〕〔せいちょう〕
4 〔さいご〕〔く〕
5 〔いっぽ〕〔まえ〕
6 〔おや〕〔きんちょう〕
7 〔れんあい〕〔おくびょう〕
8 〔とくい〕〔りょうり〕
9 〔らいしゅう〕〔りょこう〕
10 〔しゅみ〕〔どくしょ〕
11 〔しゅうしょく〕〔とけい〕
12 〔けんこう〕〔かいだん〕
13 〔めんどう〕〔す〕
14 〔なつ〕〔ゆうじん〕
15 〔にわ〕〔せんてい〕

## 13日

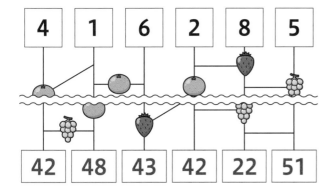

| 4 | 1 | 6 | 2 | 8 | 5 |
|---|---|---|---|---|---|
| 42 | 48 | 43 | 42 | 22 | 51 |

## 14日

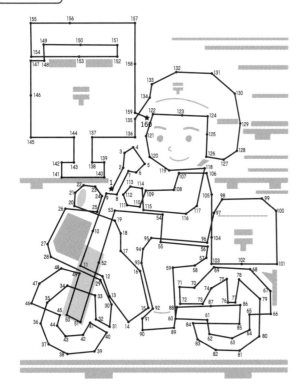

## 15日

1 しゅうぎ　　2 しんらつ
3 いしょくじゅう
4 きゅうけい　　5 いもの
6 ようじんぼう
7 ばいたい
8 てんじょういん
9 つきぎめ　　10 あいことば

## 10日

| | | | | | | | 読み | 読み | 読み | 読み | 読み | 読み |
|---|---|---|---|---|---|---|---|---|---|---|---|---|
| 1 | 意志 | 全勝 | 公家 | 春風 | 運勢 | 四国 → | はるかぜ | ぜんしょう | うんせい | いし | しこく | くげ |
| 2 | 団扇 | 曲者 | 地球 | 野原 | 電池 | 和服 → | でんち | ちきゅう | うちわ | わふく | くせもの | のはら |
| 3 | 石橋 | 黄身 | 真夏 | 見合 | 試算 | 積木 → | まなつ | つみき | きみ | みあい | いしばし | しさん |
| 4 | 自由 | 特技 | 活字 | 受付 | 逆転 | 毛糸 → | かつじ | じゆう | うけつけ | けいと | とくぎ | ぎゃくてん |
| 5 | 渋滞 | 地図 | 駆使 | 坂道 | 随時 | 稲作 → | さかみち | ちず | ずいじ | じゅうたい | いなさく | くし |
| 6 | 追加 | 窓辺 | 居間 | 弁舌 | 乾燥 | 案外 → | あんがい | いま | まどべ | べんぜつ | ついか | かんそう |
| 7 | 役所 | 洋画 | 予感 | 願望 | 麦茶 | 有無 → | ようが | がんぼう | うむ | むぎちゃ | やくしょ | よかん |

## 11日

| 1 73 | 2 33 | 3 84 | 4 12 |
|---|---|---|---|
| 5 33 | 6 97 | 7 4 | 8 108 |
| 9 35 | 10 32 | 11 700 | 12 105 |
| 13 132 | 14 64 | 15 57 | 16 72 |
| 17 35 | 18 45 | 19 91 | 20 135 |

## 12日

| 1 | 21・30・5・22　立身出世 | 2 | 13・23・32・2　意気投合 |
|---|---|---|---|
| 3 | 7・1・8・17　起死回生 | 4 | 9・16・27・24　終始一貫 |
| 5 | 18・4・12・26　羊頭狗肉 | 6 | 28・6・14・29　拍手喝采 |
| 7 | 19・31・10・15　自由奔放 | 8 | 25・3・20・11　未来永劫 |

**18日**

「ツ」を探す

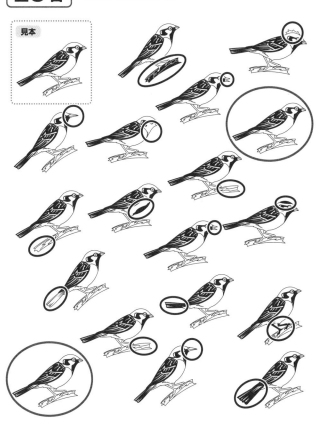

（縦書きカタカナのグリッド、○印はツ）

「こ」を探す

（縦書きひらがなのグリッド、○印はこ）

**19日** （順不同）

**1** 100のペア
77・23／15・85／37・63／57・43

**2** 90のペア
37・53／17・73／26・64／21・69

**20日**

〈ペアになる標識〉

〈ペアにならない標識〉

---

11 ざんげ　　12 きれい
13 そうせんきょ
14 けいべつ　　15 せんちゃ
16 けんめい　　17 いしょう
18 てきぎ　　　19 はなふぶき
20 えいち　　　21 らんまん
22 むげんだい
23 せいじゃく　24 りんね

---

**16日**　○は違う部分

見本

---

**17日** （順不同）

同じ組み合わせ
D・P・T

1つの数字以外同じ組み合わせ
C・I・R

8 早起きは三文の徳
9 鬼の居ぬ間に洗濯
10 備えあれば憂いなし
11 旅は道連れ、世は情け
12 沈黙は金、雄弁は銀

## 24日 （それぞれ順不同）

| 楽器 | 太鼓、アコーディオン、オルガン、琴 |
|---|---|
| 動物 | ウサギ、馬、ライオン、牛 |
| 野菜 | タケノコ、トマト、トウモロコシ、カボチャ |
| 文房具 | はさみ、ものさし、万年筆、筆 |

## 25日

1 ちんれつ　　　　2 ずきん
3 かげむしゃ　　　4 きび
5 えんぎ
6 とうりゅうもん
7 ひしょう
8 うちょうてん
9 おうちょう　　　10 しゅらば（しゅらじょう）
11 もほう　　　　　12 わいろ
13 ほにゅうるい　　14 ほうふ
15 しょうぞう　　　16 きはく
17 ふんがい　　　　18 すてき
19 しんきろう　　　20 ここう
21 ゆうきゅう
22 とっぴょうし
23 ほうじゅん　　　24 あいさつ

## 21日

1 一長一短
〔いっちょういったん〕
2 門外不出
〔もんがいふしゅつ〕
3 絶体絶命
〔ぜったいぜつめい〕
4 公明正大
〔こうめいせいだい〕
5 平身低頭
〔へいしんていとう〕
6 起死回生
〔きしかいせい〕
7 大器晩成
〔たいきばんせい〕
8 自給自足
〔じきゅうじそく〕
9 不老不死
〔ふろうふし〕
10 起承転結
〔きしょうてんけつ〕
11 博学多才
〔はくがくたさい〕
12 喜色満面
〔きしょくまんめん〕
13 三日坊主
〔みっかぼうず〕
14 十人十色
〔じゅうにんといろ〕

## 22日

| | | | |
|---|---|---|---|
| 1 1 | 2 24 | 3 12 | 4 11 |
| 5 19 | 6 21 | 7 16 | 8 17 |
| 9 23 | 10 59 | 11 8 | 12 14 |
| 13 18 | 14 51 | 15 68 | 16 5 |
| 17 9 | 18 13 | 19 59 | 20 15 |
| 21 29 | 22 60 | 23 28 | 24 12 |
| 25 99 | 26 30 | 27 15 | 28 44 |

## 23日

1 人事を尽くして天命を待つ
2 痛くもない腹を探られる
3 親しきなかにも礼儀あり
4 帯に短したすきに長し
5 塵も積もれば山となる
6 火のない所に煙は立たぬ
7 好きこそ物の上手なれ

## 28日

| | | |
|---|---|---|
| 1 40 | 2 11 | 3 91 |
| 4 49 | 5 48 | 6 112 |
| 7 128 | 8 107 | 9 30 |
| 10 35 | 11 58 | 12 10 |
| 13 16 | 14 78 | 15 27 |
| 16 9 | | |

## 29日

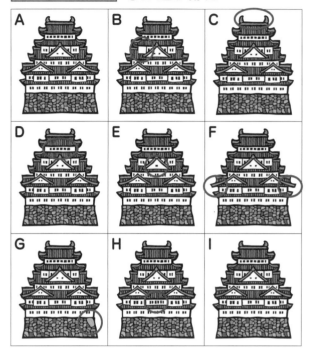

「ク」を探す

「お」を探す

## 30日 （順不同）

同じ組み合わせ
H・Q・V

1つの数字以外同じ組み合わせ
E・M・T

## 26日

### A と I （順不同）
○は違う部分

## 27日

| | | | | | | | 読み | 読み | 読み | 読み | 読み | 読み |
|---|---|---|---|---|---|---|---|---|---|---|---|---|
| 1 | 草笛 | 金庫 | 運輸 | 品格 | 勇気 | 英雄 | ひんかく | くさぶえ | えいゆう | うんゆ | ゆうき | きんこ |
| 2 | 酸味 | 唐草 | 役割 | 身内 | 理科 | 中古 | やくわり | りか | からくさ | さんみ | みうち | ちゅうこ |
| 3 | 工面 | 若者 | 点数 | 脳波 | 配属 | 薄皮 | てんすう | うすかわ | わかもの | のうは | はいぞく | くめん |
| 4 | 前髪 | 色素 | 未明 | 波間 | 引用 | 粗品 | しきそ | そしな | なみま | まえがみ | みめい | いんよう |
| 5 | 枝豆 | 都合 | 争奪 | 朗報 | 裏声 | 迷路 | そうだつ | つごう | うらごえ | えだまめ | めいろ | ろうほう |
| 6 | 医師 | 釣堀 | 薬指 | 移築 | 週末 | 美声 | いちく | くすりゆび | びせい | いし | しゅうまつ | つりぼり |
| 7 | 白熊 | 合格 | 夏至 | 真綿 | 君子 | 玉子 | げし | しろくま | まわた | たまご | ごうかく | くんし |

脳科学が実証！

# 川島隆太教授の運転免許認知機能検査 完全模擬テスト＆合格脳ドリル

2024年7月10日　　第1刷発行
2024年9月28日　　第3刷発行

| | |
|---|---|
| 監修者 | 川島隆太、長信一 |
| 発行人 | 土屋徹 |
| 編集人 | 滝口勝弘 |
| 編集長 | 古川英二 |
| 発行所 | 株式会社Gakken |
| | 〒141-8416　東京都品川区西五反田2-11-8 |
| 印刷所 | 中央精版印刷株式会社 |

| | | |
|---|---|---|
| **STAFF** | 脳ドリル編集制作 | 株式会社 エディット |
| | 第1章 | 原稿 荒舩良孝／イラスト さややん。 |
| | 第2章 | 編集協力 knowm／イラスト 酒井由香里／検査図 風間康志 |
| | 脳トレイラスト | 山本篤／海山幸／イラストAC／風間康志 |
| | デザイン | 内山絵美 |
| | 脳トレDTP | 株式会社 千里 |
| | 校正 | 株式会社 奎文館 |

**この本に関する各種お問い合わせ先**

●本の内容については、下記サイトのお問い合わせフォームよりお願いします。

https://www.corp-gakken.co.jp/contact/

●在庫については　Tel 03-6431-1250（販売部）

●不良品（落丁・乱丁）については　Tel 0570-000577

学研業務センター

〒354-0045　埼玉県入間郡三芳町上富279-1

●上記以外のお問い合わせは　Tel 0570-056-710（学研グループ総合案内）

学研グループの書籍・雑誌についての新刊情報・詳細情報は、下記をご覧ください。
学研出版サイト　https://hon.gakken.jp/

## 脳機能・ドリル 監修

かわ しま りゅう た
# 川島隆太
**東北大学教授**

1959年千葉県に生まれる。1985年東北大学医学部卒業。同大学院医学研究科修了。医学博士。スウェーデン王国カロリンスカ研究所客員研究員、東北大学助手、同専任講師を経て、現在、同大学教授として高次脳機能の解明研究を行う。脳のどの部分にどのような機能があるのかを調べる研究の、日本における第一人者。

## 検査 監修

ちょう しん いち
# 長 信一

1962年東京都生まれ。都内の自動車教習所で指導員、所長代理を歴任。現在「自動車運転免許研究所」の所長として運転免許関連の書籍を多数執筆。手がけた書籍は200冊を超える。

大好評発売中!!

川島隆太教授の
脳科学が実証!
運転免許
認知機能検査
合格対策脳ドリル

検査対策脳トレ30問
脳力UP! 記憶力 視空間認知 情報処理
ズバリ!合格ポイント 検査リアル実例 効果を証明! 脳トレで安全運転能力が向上した!

cover design：内山絵美
cover illustration：山﨑たかし

9784058022757

1922065012509

ISBN978-4-05-802275-7

C2065 ¥1250E

2380227500

定価：1,375円
（本体1,250円＋税10%）

第1章

# 認知機能検査合格対策は本書脳トレで万全!!

## ～合格に必要な認知機能を解説～
## ～脳トレで安全運転能力向上を証明～

第2章

# これが検査に出る全4パターン完全模擬テストで合格へ!!

## ～合格点が取れる攻略ポイントを解説～
## ～事前に出題イラストの名称を覚えよう!～

第3章

# 認知機能アップ!

# 認知機能検査合格脳ドリル30日分

## 合格脳力UP! 記憶力 情報処理力 視空間認知力 強化!